万水·荟生活

U0194863

zhong zi bian pen zai

种子变盆栽

缤纷花草养成记

内 容 提 要

“阳台的每一盆花都是自己亲自培育的，从种子开始，亲手呵护小苗直至花团锦簇。”你可曾有过这样的想法？也许你会说，这太难了吧！其实这并没你想的那么难，实现它需要的只是一些耐心和时间。几个月后，当你看着自己从种子播起的草花一点点成长并灿烂地盛开时，那种成就感和满足感是相当幸福的！请跟随播种达人“自在”，一起亲身实践播种的乐趣吧！

本书作者精心栽培并筛选出最适合阳台及庭院生长的90余种草花，以图解的方式将每种花从播种到开花的全过程一一呈现，并用图表列出栽培要点，简单明了。按春夏秋冬四季花期分类，帮你在不同的季节分别选择最适合自己的草花。同时汇总各类花友疑问，解决你实际操作中可能会遇到的疑难问题，即使是新手也能轻松过关。

图书在版编目（CIP）数据

种子变盆栽：缤纷花草养成记 / 自在著. -- 北京：中国水利水电出版社，2014.8
ISBN 978-7-5170-2229-9

Ⅰ. ①种… Ⅱ. ①自… Ⅲ. ①观赏园艺 Ⅳ. ①S68

中国版本图书馆CIP数据核字(2014)第147683号

策划编辑：马妍　责任编辑：陈艳蕊　加工编辑：习妍　封面设计：张亚群　内文装帧：梁燕

书　　名　种子变盆栽——缤纷花草养成记
作　　者　自在 著
出版发行　中国水利水电出版社
　　　　　（北京市海淀区玉渊潭南路1号D座 100038）
　　　　　网　址：www.waterpub.com.cn
　　　　　E-mail：mchannel@263.net（万水）
　　　　　　　　　sales@waterpub.com.cn
　　　　　电　话：(010)68367658（发行部）、82562819（万水）
经　　售　北京科水图书销售中心（零售）
　　　　　电话：(010)88383994、63202643、68545874
　　　　　全国各地新华书店和相关出版物销售网点
排　　版　北京万水电子信息有限公司
印　　刷　北京市雅迪彩色印刷有限公司
规　　格　165mm×240mm　16开本　14.25印张　100千字
版　　次　2014年8月第1版　2014年8月第1次印刷
印　　数　0001—6000册
定　　价　49.90元

前言

养花这件事，其实很久以前就开始了，可能是当时没有特别用心，种什么都不行。几年前买了房子，有了自己的阳台，同时受家人的启发，用心种了些花草，从此便一发不可收拾，逐渐地，阳台的花草多了起来。

8年的养花经历不长也不短，有了些经验后就想有所突破，于是这几年疯狂地迷上了草花播种，从播种到生长开花陆续尝试了一二百种花。在种花的同时，我将播种养植的过程拍下来，同时一步一步做起种植记录，将各种体验记录在案，分享在花卉论坛中。这样做不仅是为了对众多草花的生长过程做个细致的总结，以便寻找那些更适合自己的花，也是想和花友分享交流种花的体验和喜悦。没想到这些体验总结的帖子获得大量花友的喜爱，并得到大量反馈，成为论坛收藏和分享的数一数二的帖子。得到这么多花友的喜欢和支持，我很高兴，多年辛苦的总结也没白费，同时结识了很多志趣相投的朋友，一起分享交流，甚是欣慰。

其实我的养花环境并不是很理想，阳台很小，只有4平方米左右，而且是正北朝向，全年有三季（秋冬春）8个月的时间都没有阳光，而夏季则是烈日暴晒。不仅如此，冬天顶着呼呼的北风，夏天顶着强烈的狂风，还都挡不住雨。这样的环境其实不是特别适合种植花草，但欣慰的是还有个西南方向的小阳台，但也只能放几盆花，每天有4个小时左右下午的阳光。即使是这样的种植环境，并且没有太多可参考的种植资料，不知道各种花能种出什么效果，喜欢花的我还是无畏地开始了养花尝试（我是理科男，也许是天生的理性驱使我不断尝试）。我的北阳台没有壮观的花海，没有高大上的花草，也没有太多绿植，没法和那些花团锦簇的花园相比，甚至没法跟大多数朝向好的阳台相比。但我依然成功种植了上百种草花。

如果你有一个阳台，哪怕只是朝向不好的北阳台（当然如果你的阳台是适合花草生长的东南朝向就更好了），依然可以把花草种起来，你需要的只是一些用心和耐心。当你看着自己从种子播起的草花一点点成长起来，灿烂地盛开时，那种成就感和满足感是相当幸福的！

希望我的这些花草生长记录，能够开启你的种花之旅，帮你认识、熟悉、了解花草，少走弯路，找到适合自己所在环境的花草，灿烂盛开！

以下人员为本书的创作提供了必不可少的帮助，他们是程晓佳、罗小亮、叶松彬、曾蔚君、黄建立、张文狮、吴中玲、张康永、陈绍存、邢育奋、程文静、吕照兵、刘稳。特此感谢！

Let's do it!

自在

Rest!

目录

Chapter1 多彩的草花世界

Chapter2 种子变盆栽——91种草花成长日志

春夏秋开花 / 116

秋冬至春初开花 / 202

Chapter1
多彩的草花世界

有没有想过从种子开始种棵花草，让阳台灿烂如春呢？装扮环境的同时，还能体会花草成长的乐趣和超强的成就感。快来试一试吧！

一、什么是草花

我们通常说的“草花”其实就是草本花卉的简称。它们的茎秆没有那么硬，木质化比较轻，和草一样比较有韧性。这是它们与木本花卉的主要区别。有些灌木类的花现在也作为草花种植了，管理上并无太大差异。

草花的种类非常多，数量庞大，春秋两季在野外遍地可见。只不过那些都是原始种，而大家播种的多数是经过培育改良后的栽培品种，生长特性和花色都大为改观。草花既有一二年生的，也有多年生的（包括宿根、球根、水生等种类）。按专业些的植物学科属分类，常见的有菊科（五色菊、波斯菊、金鸡菊等）、茄科（矮牵牛）、玄参科（金鱼草、荷包花、吊钟柳）、马鞭草科（美女樱）、堇菜科（三色堇、紫花地丁）、石竹科（石竹、麦仙翁）……

草花数不胜数，平时大家要善于分辨、归类，一个科或者一个形态的草花，都有一定的共性。

二、如何用草花装点花园、阳台、居室

草花生长周期短、占据空间小，特别适合家庭养植。无论是花园，还是露台、阳台甚至室内，草花都是首选。

1. 花园

花园种植，特别是成片种植，有一定的色彩规模，容易出效果。而且光照等管理较为便利，地植的效果也好过盆栽。同时可配合季节更换种类，形成小片花的海洋，让人惊叹。如果是小花园，就多个种类高低配合，精心搭配，按照自己的爱好、植物对光照的需求特点大胆选择吧。

多年生中大型的草花，可以配合木本植物单株种植，也可以成片种植，如非洲凤仙、矮牵牛、彩虹菊，种一小片，形成小花海，绝对抢眼。小型的花草则可以摆在花园的桌子上，别有一番味道。

2．阳台、露台

有花园的花友毕竟是少数，多数花友还是在阳台或露台种植的。这个环境种草花还是不错的，只是空间相对较小，适合盆栽，空间上可以立体化种植，上下分层，挂墙或者悬挂，也能形成一定的规模。稍微要留意的是，要根据阳台或露台的采光条件选择相应的草花。如果采光不好，却选择了喜欢强光照的花，就会长得比较弱，花也会少很多。

以我的阳台为例，给大家展示一下如何选择草花（见本页图）。我家是北阳台，除了夏天以外，其他季节没有太阳，但因为对面没有楼层阻挡，散射光是很充足的，大部分花都能长得不错，如非洲凤仙、六倍利、丽格海棠、甚至矮牵牛。只是受阳台空间限制，一些大型的花卉就不适合了，如芍药、篱笆型矮牵牛。

花友答疑

Q: 我家在一楼，有个正北的院子，一直为应该在院子里种些什么而苦恼。天冷的时候没太阳，夏天热了又全天的大太阳；种喜阳的花长不好，种喜阴的花，天一热又全晒坏了。到底该种什么呢？

A: 北花园也有很多可以种的花，挑选适合季节的就是了。比如：秋冬季节，种需光性没那么强的非洲凤仙、仙客来及其他球根花卉。春天种兰花，夏天种不怕晒的太阳花、爬藤的牵牛花等，甚至向日葵都行。

Q: 我是广州的新手，不知道南边阳台适合种什么，目前只种了三角梅和太阳花，想丰富些，但是又怕夏天太热，有什么好的推荐吗？

A: 夏天在广州种花还是比较有难度的，大部分花都不适应广州的高温潮湿，现在的进口花种大部分是适合欧洲这样温和气候的。我也在广州，到夏天基本都不怎么种花的。春天后逐渐有草花要扔掉。南阳台光线好，选择多，到秋天大部分都能种。夏天可以种耐热的花，比如矮牵牛、蓝雪花、天人菊、朝颜、太阳花、睡莲，这些都还不错。

Q: 我家是封闭式阳台，养什么死什么。怎么办？

A: 封闭阳台的确麻烦一些，最关键是光线不够，植株比较弱。养一些需光要求低的植物吧，比如仙客来、多数的苦苣苔科植物（非洲紫罗兰、迷你岩茴、长筒花、花猫等）。

非洲紫罗兰

3. 室内

室内种植的选择比较小，主要是室内光照非常弱，仅适合一些非常耐阴的绿植，比如冷水花、绿萝、富贵竹、金钱树等。可以选择阳台和室内交替养护的办法，也就是在阳台种植，开花期间搬入室内欣赏，特别是节日期间，如过年时的兰花、瓜叶菊、海棠等。要注意的是，室内养植时间不要太长，2 ~ 3 天就要再搬出去晒一下阳光，不然植株会很弱。当然，如果开完就准备清理掉就无所谓了。

三、先从认识种子开始

1. 常见的种植名词

在我们浏览园艺论坛，或是和有经验的花友聊起草花种植时，经常能听到一些名词，你是否理解它们的含义？了解和熟悉这些养护名词及概念，能使我们很好地了解自己的草花，对养好花是很有帮助的。

一年生和多年生

指的是生长周期，是一年完成出苗、成长、开花、结果的过程，然后死亡；还是需要跨越两年或者是常年生长，每年都可以完成周期，而植株不会死亡。但实际上，一年生和多年生有时并没有严格的规定，如果气候适合，很多草花都是可以生长多年的，只是第一年的效果更好，所以有些资料写成一年生，或者园艺上当作一年生来种植。

日照需求

指的是花草的喜阳程度。阴性，代表可以在比较明亮的室内栽培；中性，代表可以在充足的散射光、太阳照射的窗边养植；阳性，代表可以直接在阳光下养植。这个描述和光照强度是相通的，只是光强会有更详细的数据指标。

花友答疑

Q: 我家阳台前面倒是没有阻挡，但楼层在第二层，怎么判断光照好不好？

A: 这个啊，种着种着就能感觉出来了。我是买了测光仪，阳台外圈平时能达到2万lux，基本能符合大部分花的生长要求。出太阳的日子更好一些，但阴天就差很多了。阳台内侧的光线就差多了，越往里光越弱。

光强

指最适合花草生长的光照强度,专业的园艺工作者一般用lux(光照强度单位)来表示。我们家庭养护不必那么专业，让我用通俗一点的方式来解释，中午直射的太阳光是 10 万 lux。本书里面说的“光强低”大约为 1 万 lux 以下，主要是阴性花草。“中”约为 3 ~ 5 万 lux，泛指上午或下午的阳光，大部分花草都喜欢这个强度。“强”指 5 万以上 lux，这种花草不怕太阳直射，越晒长得越好。

长日照和短日照

这个是最容易被误解的词! 不是指太阳照射的时间长短，而是白天的长短。也是开花日照，指的是花芽分化所需的光照时间长短。长日照就是光照时间长，开花越早（才会形成花芽开花）。中日照就是开花和日照时间关系不大，主要看是否要低温春化和植株成熟度。短日照是需要在光照时间短的情况下才会花芽分化。矮牵牛是长日照植物，虽然其日照阈值（时间长短的临界点）不高，12 小时左右就可以开花，但还是有一定长日照特性。所以在北方，冬天即便室内温度很好也无法开花，只有等来年开春才能开花，而在南方的广东、海南，由于日照长，基本常年开花。传统的菊花是短日照植物，同样在长日照的夏天是不开花的，只有入秋后才开花，如果在长日照下生长，就会一直不开花。

种子需光度

指种子发芽萌发时是否需要光照。种子的发芽,除了水分、湿度、温度外，还和光照有关，有些种子的萌芽需要一定的光照（散射光就足够了),需光的种子不能覆土，否则会严重影响发芽率。

沐浴阳光的小苗

打顶(摘心)

通过去掉一些枝条或者摘掉顶端的方法,来促进更多分枝以及调整株型的修剪方式,是草花种植中很常用的一种控制手段。矮牵牛就经常需要摘心,因为要促进更多的分枝,并且控制开花节奏,以便开出花球。波斯菊就需要通过打顶来控制高度,同时促进分枝,以便单株能开出更多的花。

低温春化

有些草花,其开花和日照无关,这类基本就是需要低温春化开花的。了解这点很关键,通常低温春化有两个条件:一是达到一定的低温,不同的植物需要的低温也不同,有些植物 10℃就可以实现春化,有些则需要接近 0℃甚至更低;二是需要一定的低温持续时间,多数都要一周以上。达不到低温春化条件就不会开花!辛苦下来只能种一棵草。

为什么这个很关键?因为长短日照,南北各地都会出现。但达不到低温的地方,比如南方,就很难使需要低温春化的草花开花,且很难人工调节。我就种过一株南欧派利吞草(*Anacyclus pyrethrum*),连续 3 年都开不了花,就是因为达不到相应的低温。所以南方的花友在选择花草前一定要先了解习性,看是不是需要低温春化,不要做无用功。

真叶

被子植物长出的第一片叶子是子叶,和真正的叶子差别很大。真叶就是后面继续长出来的叶子,和长大的叶子是一个类型的。

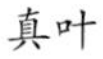

真叶

子叶

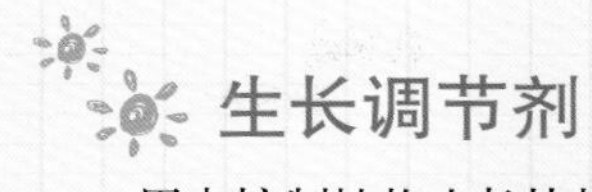

生长调节剂

用来控制植物生长快慢的化学药物。促生长的调节剂多用于扦插发根、提高发芽率上。而抑制生长的调节剂，是花农常用的控制手段，比如用矮壮素来控制植物间节的长短，以控制植物高度，提高植株的紧凑度。但不建议家庭使用，一是浓度把握不正确的话很容易造成畸形，二是多少对人体有些伤害，能少用就少用。我们尽量用物理方法比如光照和控水来调节生长。

补光

有两类：一是补微量的光来推迟花期，用到最多的是对短日照的菊花提供额外的光来延迟花芽分化，控制开花的季节，这种补光只需要很低的光照度便可。

二是很多花友已经在做的，就是在光照不足的情况下补充足的光，使花如期开放。补光多采用金卤灯、钠灯、日光灯，近年也出现了 LED 灯。但最重要的是，光照度要足够，光谱要齐全。完全用人工光源来养植物是可以，但电费就要哗啦啦地流了。最适合的也就是在缺光的日子，特别是苗期进行一些补充。我也用过一年 200W 的钠灯，效果是不错的。

花友答疑

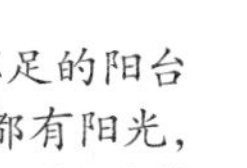

Q: 我也是广东的，想请教钠灯和 LED 补光灯，哪一种更好、更适合阳光不足的阳台呢？我家阳台东西朝向，冬天西阳台偏南的位置上午 10 点多到下午 5 点都有阳光，春季阳光逐渐往东阳台移，变成两个阳台都只有半天光照了。如何补光？据说补光灯还有自动设置，设定好时间就不用理它了，是这样吗？

A: 其实有半天的阳光，花都会长得不错的。如果不是追求更好的话，可以不补光。LED 灯补光对苗期效果还行，对正常生长和开花作用不大。因为光通量不够，也就是光亮度不够，但用电量小。钠灯效果好，我看过论坛里有个比较“疯狂”的花友，完全用钠灯，在地下室种到开花，不过电费高。无论哪种，完全靠补光，照射范围都很小。一个钠灯也就只能补那么几盆花，LED 灯的范围更小。

定时很简单，买个定时开关就行了。网上就有，设定什么时候开电、关电就实现自动功能了。钠灯其实也很普通的，一些广场用的就是这个灯。超市是没有的，灯饰市场会有，主要是镇流器贵。

2．种子，你了解多少

许多草花品种苗很少出现在花市上，只能靠自己播种培育。各种花草的播种，既有共同点，也有小的差异，也正是这些小的差异，影响着发芽和生长，最后开花的效果就大相径庭。为了种好花，我们需要对种子有个全面的了解。

种子什么样

草花的种子有万千种，外形也各种各样，有瓜子状的蓝目菊、向日葵，有豆子大小的旱金莲、朝颜，也有细长的天竺葵、波斯菊，更多的还是细小颗粒状的草花种子。各种形态的种子，是不是让你感觉植物界很神奇？

各种各样的种子

播种是否需光的判断

播种需光——小种子

有多小呢？拿小芝麻作参照，大家有些概念了吧。比小芝麻还小的种子，基本都是需光的（需光不是指在太阳下晒，那样光太强，大部分苗都承受不了），它们在播种时不需要覆土。如矮牵牛、太阳花、五色菊、金鱼草、非洲凤仙、雏菊、六倍利、洋桔梗、夏堇、香彩雀、虞美人、风铃草……

指的是播种后，种子的萌发需要一定光照，一般充足的散射光已足够。如果覆土，发芽率会大为下降。这类种子播种时不需要覆土，基本都是小种子。

播种不需光（嫌光）——大种子

3～5毫米以上的种子在草花中都算大种子了，有小西米、绿豆大小了。这类种子基本都是不需光的，播种需要覆土。如旱金莲、羽扇豆、松果菊、日日春、朝颜、紫茉莉、金盏菊、大丽花、黑眼苏珊、喜林草、蓝目菊……

虽然不需光，但在日常有弱光的环境下有一些也会发芽，比如玉米、波斯菊，只是发芽率和根的生长没有覆土的好。

指的是播种后，种子萌发受光线影响，光照会抑制萌发。这类种子播种后需要覆土，否则发芽率会下降。不需光的种子，基本都是大种子。

对光照不敏感——中等大小的种子

还是以芝麻作参照，和芝麻差不多的为中等大小，部分大种子也不敏感。这类种子稍覆一层薄薄的土或者不覆土均可。如除虫菊、古代稀、翠菊、大花滨菊、美女樱、角堇、勋章菊、银杯草……

有些不敏感的种子是大种子，如何把握是否覆土呢？大种子多数都不需光，可以都做覆土处理，不会影响它的发芽。

指的是播种后，种子的萌发受光照影响不大，温度、湿度合适就会发芽。对光照不敏感的种子，基本都是中等大小的种子。

大小种子的规格

3. 常见的种子包装

大家经常买到的进口种子，种子商会进行相对应的处理，有时候感觉不像种子了。

原种子

就是没有任何加工处理的种子，这个最常见（见下图左）。

包衣种子

种子包衣，是指将抗菌剂、营养物质等覆盖在种子表面，形成一层膜，提高种子的抗性，促进发芽（见下图中）。

厂商进行包衣，一般有两种情况：一是有些种子带壳发芽不易，种子商会进行预处理，磨掉外壳，但这样的种子播种容易烂，所以就进行包衣，常见的有天竺葵、勋章菊；另一种就是需要一定处理以提高发芽率的小种子，常见的是进口的矮牵牛。

包衣对种子出芽至关重要，大家千万别清洗掉这层包衣啊！

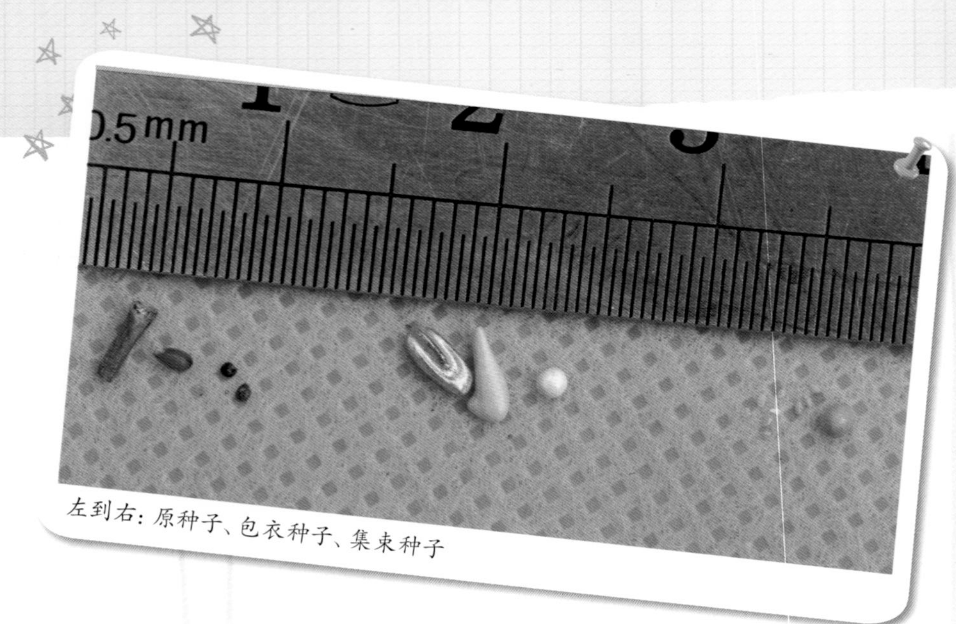

左到右：原种子、包衣种子、集束种子

集束种子

集束种子，是指通过包衣将多个种子集中到一起，做成一个小丸子。

一些植物，因为自身的生长情况，单棵的生长比较弱势，很难成满盆的效果，且这个品种又适合丛植，种子商便会预处理，将多个种子集中到一个集束丸子里。发芽后就是多个苗，多个苗一起成长容易达到满盆的效果，常见就是六倍利、香雪球。

这类种子很多人容易出现误解，以为要搓碎了播种或者播种后分苗，其实完全没必要，种子商花这么多精力将它们撮合到一起，就是为了一起种植的。上页图片里右边的六倍利集束种子，一个丸里就有 8 粒种子。

4. 购买种子容易忽略的几个问题

种子新鲜度

种子新鲜度直接会影响发芽率。不过草花的种子存放时间还可以，一般一年内变化不大。怎样才能买到新鲜的种子呢？以我个人的经验，可以参加一些花卉论坛等网络的春季或秋季团购，多数都是新种子。在网上购买时，一定要看交易记录，没人买且上货好久的种子别买，另外价格很便宜的国产种子，发芽率普遍不行。

是否需要低温开花

这点对于南方花友来说很关键，不然种了不开花当草养那就郁闷了。有些植物开花（花芽的分化）是需要低温期来诱导的，比如紫罗兰就需要 2 ~ 3 周低于 10℃的低温期才能诱导产生花芽，类似的草花还有风铃草、飞蓬、虎耳草、露薇花、吊钟柳……在养之前一定要先了解它们的习性。

如果想购买这类花，一定要看自己所在的区域是否有低温时段。一般长江流域都没问题，主要是沿海的广东、福建、广西，这几个地方长时间低于 10℃甚至低于 5℃的情况很少，尽量避免栽培需要低温春化的花。而有些花比如金盏菊，虽然也需要低温春化，但临界值比较高，广东都能满足，但海南这种更靠南的地区估计就不行了。

5. 进口种子为什么这么贵

很多初次种花的花友觉得进口种子贵，不如花友自收的好。为什么进口种子贵呢？让我们一起来认识一下它们贵的原因吧。

多年选育的优秀品种

好的花色，都是通过杂交培育出来的，需要多年的试验选育，经过“杂交－育种－生长－开花－杂交”的循环，才能获得比较稳定且优秀的品种，这个过程要花费大量的时间和精力，这就是进口种子贵的价值所在。它们就是 F_1（杂交一代）种子。

自收的二代，特性退化

在 F_1 基础上繁殖的第二代种子会出现特性退化的情况，这点在矮牵牛种子上非常明显：一是二代的种子分枝性远不如一代（如下图），同样是粉红晨光，二代和一代差别较大，长势也弱了很多；二是露养情况下容易和其他矮牵牛杂交（如果同时种了好几种的话），出现多种颜色，颜色偏差大，多数也不如一代的颜色有特点。

种子是一个基础，好的种子是好的根基，有好种子才会有好的回报，进口种子还是会给你相应回报的。

左图是 F_2 的粉红晨光，右图是 F_1 的种子，分枝差别比较明显。

6. 哪些种子该春播，哪些秋播？南方北方播种有什么差异？

很多花友在收到种子后都会纠结，该春播还是秋播呢？南北地区在播种时间上有何差异？

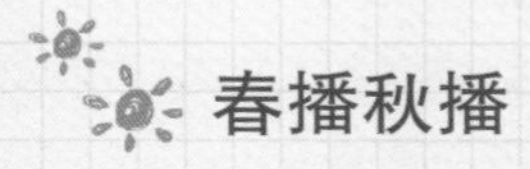

春播秋播

春播还是秋播并不是教条的，没有硬性规定，只要所在地温度适合种子发芽以及后面生长，就可以播种。

我们将种子做两个分类，大家就明白自己手上的种子应该秋播还是春播了。

春播品种：耐热品种，长日照开花品种，常年开花品种。

秋播品种：耐寒品种，需要低温春化的品种。这两种只能秋播。

花友答疑

Q： 湖南这边是秋播好么？去年春天播了好多种子都死了，温度不稳定。

A： 对。南方地区更适合秋播，现在很多花草都是国外引进的园艺品种，在它们的引种地欧洲、日本等地，气候本来就比较冷凉，这类品种在中国就比较适合秋播。

Q： 我是沈阳的种花新手，沈阳适合种哪些花草？

A： 其实大部分花草都能种，怕冷的就春播，春末就开了；或者秋播，小苗在室内有暖气的条件下也能长得不错，春天就开放了。冷季花在北方表现得更好。

Q： 能否介绍下播种的大概时间？

A： 因为各地的温度不一样，差距大得很。还是看大概的适合播种的温度更合适些。

南方北方播种时间的差异

中国南北相差几千公里，气候差异也非常大。北方冰冷刺骨，南方却依旧暖和；北方下午 3 ~ 4 点就开始天黑，南方 5 ~ 6 点天都还是亮的。这些自然条件的差异，也就决定了播种、种植时间和方式的差异，一切不必教条。重点在于了解植物自身所需的条件，以及自己所处的环境是否能达到。

北方适合春播，南方适合秋播：北方冬季寒冷，虽然室内有暖气，但毕竟光照不足，春天气温回暖，且夏天的高温也来得迟，更适合春播。相反，南方更适合秋播。南方秋播，0℃以上不用担心苗过冬的问题，且经过一个冬季的历练，植株长得壮实，开花比较旺盛，花期也比北方要早。北方春播天竺葵夏初到夏末开花正合适；南方要是春播，基本上还没开花就扛不住高温，休眠或者烂掉了。

南方可播种的时间长：南方除了夏季不太适合播种外，其他季节甚至冬季播种，都能有一定的发芽和生长。北方在 9 月甚至 8 月底可以开始秋播。我在广州，夏天播种喜欢高温的品种（前面说了南方夏天不太适合播种，但不代表不能播种，只是选择性小），比如朝颜、茑萝、太阳花这些；入秋播种多数草花；入冬前后播种喜冷凉的草花，如喜林草、花菱草、虞美人；春天播夏天可以过得很好的草花，如矮牵牛、非洲凤仙、蓝雪花。

虞美人

花菱草

太阳花

不适合本地的花要忍痛割爱：由于气候的差异，有些花注定和南方无缘，比如荷包牡丹，不仅要多年才能开花，还不耐热，毛地黄也是南方很难种植的花。北方也同样，一些在南方很常见的花在北方就比较少，比如兰花。

花友答疑

Q: 为了更有利于南北方不同纬度的花友掌握各种花草的适应性，能不能介绍下各种花草的耐寒情况？

A: 有点难度。因为我在南方，体验到的温度也就是南方的温度，能实际观察到的是这些花草的耐热程度，这些在很多资料上都可以查到，但实际情况会有不小的差别。还是要根据实际情况，亲身体验才好。

Q: 不知道作者您在广东种的那些草花，能否在沈阳种植成功呢？

A: 沈阳只是暖得晚，不代表不能种啊。而且冷凉的地方，很多欧洲花卉都适合啊，这一点我们南方花友还羡慕呢！

四、从种子到盆花，让我们开始吧！

从种子到盆花，要经历下面几个步骤：播种、移植、修整、上盆。一步一步走过来后，灿烂花儿就展现在眼前了。

播种：播下希望

移植：给予更好的生长环境，促进根系生长

打顶促分枝

上盆开花

1. 播种工具

播种之前，这些材料你准备了没？没有的话，赶紧买吧。

育苗盆

分别购买适用自己放土的或者放置育苗块的育苗盆。育苗盆有盖子，播种前期盖上有保湿的效果，底座可单独加水，便于管理，是必备的。我个人更喜欢育苗格是透明的那种，一是更耐用些，二是可以清楚地看到根系的发育情况。

育苗盆

使用时，将泥炭土均匀地放入育苗格中，铺平，稍微按压一下，放在育苗盆里加水坐盆，等水慢慢吸收上来。由于泥炭土非常干燥，吸水比较慢，一般都要几个小时才能充分吸足水分，才适合播种。如果觉得慢，那就来和泥吧。将泥炭土倒入盆中，加入水和匀，和好后再放入育苗格中。这样就快很多。

底座加水后，将育苗格放入吸水

将泥炭土均匀放入育苗格中

泥炭土

买通用型的进口泥炭土就可以了，如发发得、维特这些，泥炭土疏松，而且有一定肥力，非常适合种植草花。最好不要买国产普通的泥炭土，很多都是药渣烧制的，质量差。进口泥炭土也有育苗专用的型号，就是纤维更细些，可自己酌情购买。也可购买泥炭土混合加工后的园艺土，如翠筠的园艺土。不推荐普通的园土（也就是泥土），容易板结，不利于扎根和生长。

泥炭土

标签

标签很重要，特别是不熟悉小苗的新手，播种的花草多时，过段时间可能就分不清哪个小苗是什么植物了。最适合的标签就是专用的 PVC 标签牌，不用太大，否则会挡光，长条的这种就行。用最普通的铅笔写上名称，便宜又耐用，用记号笔写日晒后都会掉色。如果不想买，也可以自己制作简易版。用不干胶标签对折贴到牙签上，做成小旗子插在上面。什么？不干胶标签也没有？那就找个透明胶粘上纸张，或者找医用胶布粘在牙签上做旗子，一样好用。

标签

育苗块

如果嫌自己弄土麻烦，还有更简单的——那就是育苗块。这是近几年兴起的懒人播种材料，其实就是压缩的泥炭土，将其放到水里会涨发，种子播在上面即可。是不是很神奇？薄薄的一片，吸水后就变高了，还有与育苗块配套的育苗盒。它的缺点就是成本稍高。

育苗块

吸水后膨胀

2. 播种

准备就绪就要播种了。取出种子，小心地放到土里或育苗块上，一般一个格放 1 粒种子是最标准的，如果担心发芽率不好，小种子就放 2 粒，之后再淘汰差的那棵。前文说过种子有嫌光和需光的，嫌光的种子就埋下去一些，需光的铺在土表即可。插上标签，等着发芽吧，一般 3～7 天就会萌动发芽了。

TIPS

1. 一个育苗盆，最好播同一类比较接近的种子，如比较小的或发芽时间比较接近的。这样方便管理，不至于有些都发芽半个月了，需要控水，但有些才刚发芽。

2. 对付小种子播种的秘密武器：牙签！牙签蘸上一点水，保持微湿，就能轻易将种子粘起来，然后再播到土里去。是不是比直接用手捏简单多了？

牙签播种

纸巾发芽法

纸巾发芽法是应用比较广泛，且非常有效的方法。一是能提高发芽率，二是发芽后再放到育苗格里，可充分利用育苗格或育苗块，不至于浪费。

找个盆，能盛水就行，平铺一张纸巾，纸巾的质量要好，湿水不烂，化妆棉也非常不错。加水，最好是纯净水，不容易发霉。水不要太多，和纸巾持平即可，太多了种子会浮动。挤去空气后将种子放在上面，用透明盖子或者厨房用密封膜封起来。如果是嫌光的种子，就找个不透明的盖子挡一下，注意及时补水并挑出发霉的种子。几天后，待种子出一点点根芽了，就可以小心地移到育苗块或者育苗格里了。用牙签挑种子的过程要小心，不要伤到根芽，不然就不长了。

放置纸巾，水能使纸巾保持湿润即可

挤去空气

将种子放在上面

TIPS

纸巾发芽法只适用于稍大一点的种子，非常细小的六倍利这些种子就不适合了。种子太小，发芽了很难移过去。

影响发芽的因素

很多花友都会抱怨播种后没有发芽，很失望。其实比起我现在播种的仙人球，草花的发芽率已经相当好了。当然，如果我们了解下影响草花发芽的几个因素，是可以提高播种成功率的。

种子新鲜度:

这是根本因素，种子质量直接关系到发芽的情况。多数草花的种子没有后熟期，都是干燥后的新鲜种子发芽率高。随着时间流失，发芽率会一年比一年差。存放的环境与新鲜度也相关，低温是最好的环境，高温高湿的环境，种子的寿命也缩短，直接影响种子的新鲜度。

播种温度:

不同的温度也会影响发芽情况。对于多数草花来说，最适合的播种温度是 18℃~23℃这个区间（生长习性喜温暖的，播种温度也相应提高 3℃~5℃；同样，喜冷的可以下降 3℃~5℃）。但总体来说，上下几度问题都不大，但再大一些就有影响了。喜热的种子比如美女樱，在低于 20℃的情况下发芽非常差，甚至不发芽。喜冷的种子，在 30℃以上也基本不怎么发芽。当然我也试过低温播种，8℃~12℃冬播，发芽很慢，且发芽率不高。

播种湿度:

种子萌发需要一定的湿度，这是关键的诱导因素，也是纸巾发芽法发芽率高的主要原因。播种后到发芽前一定不能让土干了，并且盖上保湿盒，提高环境湿度，促进萌发。

播种光照:

前面介绍过的，需光和嫌光，不能搞反了，不然颗粒无收都有可能。

播种结束，大家就怀着美好的期待，等待几天后的惊喜吧！我还记得第一次播种时的那种兴奋，天天下班后捧着育苗盆在灯光下看上半个小时，用眼神对种子说：你还不发芽？我用眼神藐视你！

3. 播种后的管理

播种后的管理很重要，发芽后的小苗是最脆弱的，这期间管理的好坏直接影响存活率。

光照

播种的整个阶段到移植前，最合适的光照都是明亮的散射光。比如阳台明亮但又没有太阳直射的地方，室外可以放在遮阳网下面。不推荐室内，室内的光照不足会徒长，长成豆芽苗会很弱，之后很容易倒下，且光照不均匀基本是朝一边弯头的。晒太阳？那也是万万不可的，多数草花都受不了那么强的光照，大太阳一晒就干死了。

给水

发芽前需要保持一定湿润，保湿盒盖上透明的盖子，增加湿度，以便于发芽。但发芽后就逐渐控制水分，看到有过半发根后就应该揭开盖子，到植株长真叶后就可以土表稍干，干湿交替会刺激根系的发育，为寻求更多的水分而努力扎根，长得健健康康。

给肥

出真叶前是完全不需要肥料的，种子里的营养足够其前期发育了。移苗前有 2 ~ 3 片真叶的时候，可以喷一次很淡的叶面肥，是正常浓度的 1/4 ~ 1/3 就可以了。千万不要太多，一是盐碱化会抑制生长，二是肥太浓会烧苗。

飞虫

有时你会发现，到处都有小小的黑色飞虫，喷了很多药也控制不住，该怎么办？这是很多人春季播种后的困惑，很难解决，但如果你了解了对手，将会轻易解决。

我们先来认识一下黑色小飞虫，有花友叫它小黑飞，学名是尖眼蕈蚊，繁殖速度快，生于潮湿土壤，幼虫以土壤中的真菌类为食，后期也啃食植物根部和多汁叶片。

注意关键点：它们生于潮湿的土壤！小黑飞繁殖速度很快，药物喷洒、浸盆、喷飞虫，不仅效果不理想，还对植物有抑制生长的影响。而用黄板只能控制数量，没有实际作用。最简单的方法是：物理控制！长真叶后，有 2 ~ 3 片叶时就可以控制土的干湿了。让土有干的过程（也就是土表全干），即便只有半天这样的环境，小黑飞的幼虫都无法存活！而半天较干的环境对植物是没有任何影响的（因为底下的土还是微微潮湿的）。一个星期后，小黑飞会大量减少，不出半个月就绝迹了。

萌芽状态

花友答疑

Q: 以上要点太专业了！请教一下，我的种子发芽后陆续都倒了，是什么原因呢？应该多久浇一次水？

A: 我不知道你的播种情况。大概说说：1. 用疏松的种植土，根容易长；用普通的黄泥土，苗很容易倒。2. 发芽后，最好用浸盆法来补充水分，而且是早上开始加水浸盆，晚上保持透气。3. 隔几天，在浸盆的水里加点百菌清、多菌灵这些杀菌药，预防得病，喷也行。4. 适当接受阳光，使苗强壮，但要避开中午的烈日。

4. 移植

看到发芽后的小苗一天天长大， 是不是很兴奋？随着小苗的长大，也要给它换个空间了，也就是移苗。这样做，一是可提供更大的生长空间，二是通过移苗促进根系的生长。

移苗前也要做好准备工作，预先将土、盆准备好。在土中加水和少量有机肥混合好，这样方便加土，也不需要上盆后再次浇水。土的湿润程度，以握在手里能成块、挤压不怎么出水最好。盆，我个人比较喜欢透明的一次性杯子，底下剪个小孔来用。一是大小刚好适合，二是透明的杯体可以看到根系生长情况，三是便宜而且可重复利用。最好选用质量好点的，硬一些的。

移苗时，拿起育苗盆，育苗格底部都有个小孔，将周围捏松一点点，用筷子从底部顶上去，一格苗就完整地出来了。育苗块更简单，直接拿出来就行了。之后放于预先准备好的盆或杯里，加上土，在散射光下放 3 ~ 5 天就可以正常管理了。移苗后光照要加强，逐渐趋于正常成株管理，只需注意不要长时间的干旱就行了。

移盆小技巧，轻松无损地移盆

移苗过程中，须根会断一些，这是有利于新根生长的。但根系损伤太大会导致上盆后恢复期比较长，影响生长，掌握以下几个要点会轻松很多：

1. 取出前，在小格子底部周围都捏一圈，松动一下育苗格和土的粘合部分。

2. 根系一定要长到比较适合移苗时再操作，根如果已经在底下盘旋了，说明这时的根已经基本捆住了大部分土，从底下顶出来的时候就能整块完整地取出。

3. 移植盆预先放好土，预留出大小合适的移苗空间。最简单的办法是将育苗格摆在移植盆里，一起填上土，然后拿走育苗格，将完整取出的苗直接放入就行了。这个大小是刚刚好的，前提是有多余的育苗格；没有空余的育苗格，就留两指宽的正方形，也差不多。

移植育苗块就比较容易了，后面直接填土也不会有什么影响。

筷子从底部顶上去，一格苗就完整地出来了

预留出大小合适的移苗空间，放苗

如何判断需要移盆了

很多花友移苗并没太多目的性，如何判断需要移苗了？最根本的一点就是育苗格太小了，根已经长出来，并且开始盘根交错，这时候就应该移了。有时可以观察底下根的生长情况，结合观察一下叶片，多数是长出 3 ~ 4 片真叶就要移了。

苗期生长慢、个头小一点的植物（相应种子也小），根也弱一些，可以等长到 5 ~ 7 片真叶时移栽，比如满天星、紫芳草、太阳花。一些苗期生长速度快、个头比较大的（相应种子也普遍比较大），2 ~ 3 片真叶就可以移了，比如蓝目菊、波斯菊。

为什么上盆不一次到位，而是小盆育苗，慢慢移栽

有花友问，移苗多麻烦啊！为什么不一开始就播种到大盆里，或者从育苗格里直接移到最终的花盆里？植物的根是需要呼吸的，大盆由于土太多，播种后没有植物根系从土里吸收水分，干得很慢，一般 10 ~ 15 厘米的一盆土，要 3 ~ 5 天才能彻底干。干湿交替不明显（观察也不容易察觉），反倒透气性不足，影响植株根系的生长。植株有多大就给多大的盆是最恰当的，加上移苗过程可以促进根系萌发，花些时间移苗还是有回报的。

施肥管理

移栽的土里已经混入了少量有机肥做底肥，肥力基本充足，如果光照条件好，可以再额外喷几次均衡的叶面肥（不要开花肥），促进其生长。叶面肥土壤残留少，污染少，对土壤好些。但要注意，光照不足的情况下肥力不要太多，不然拼命长叶子。

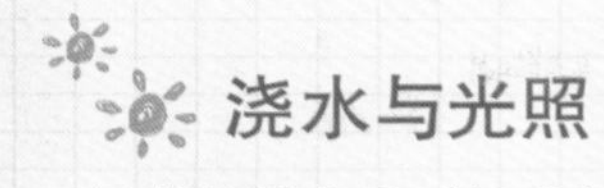

浇水与光照

移植缓苗后，就要逐步过渡到正常植株给水了。干了再给水。因环境不同，给水间隔可能是1～3天都不定，要看苗和土的情况。切记别浇太多水！溺爱是很多人容易犯的毛病，生怕干着了，土表稍干就给水，结果水多了，苗的根系比较弱，更严重的就是水多导致根呼吸不畅，烂掉了。

光照也和浇水一样，逐步过渡到正常管理，从缓苗期的遮阴，到恢复后按照植株的需光程度进行成株管理。不能太缺光了，不然会徒长，影响整体的株型。

哪些植物移苗时要格外小心

相对于须根系植物来说，直根系的植物移苗时要格外小心。直根系基本是一条主根，须根比较少，看看右边的图片就一目了然。直根的根系恢复能力比较弱，移苗要很小心，如果伤到主根就容易僵苗了。这类的植物有紫罗兰、虞美人、桂竹香等，如果怕移苗有损伤，就直接播在大盆里吧。

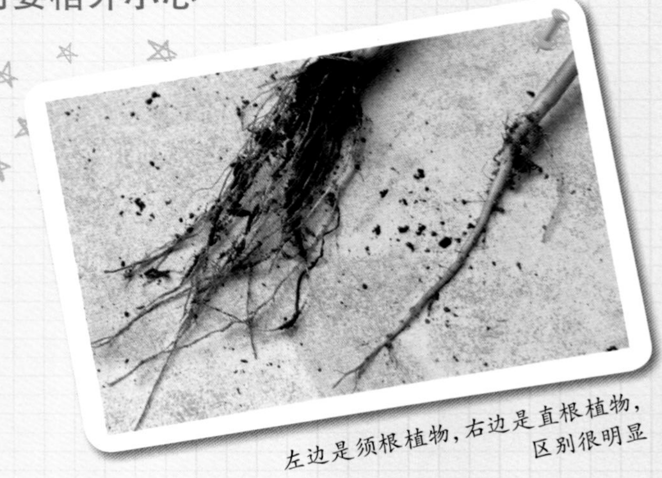

左边是须根植物，右边是直根植物，区别很明显

花友答疑

Q： 在论坛上看了你的花和图片，发现不同时间用不同的盆，请问一般情况下的草花，你都是什么时候移栽到一次性杯子，又是什么时候移到小盆里的？

A： 我播种用育苗盒，等根长出盒子了（底下的孔都露出来了），或者长出5～6片真叶以上，要阻挡周边的生长了，就会移植到育苗杯（一次性杯子）。当然这个比较随意，早一点、迟一点都有。一次性杯子里的植物，根都在底下盘旋（底部转圈了），我就会定植，上盆，种植到正式的大盆里去。一开始就用大盆对育苗不好，逐渐移植，苗生长得才好。

5. 生长管理

正常来说，移苗后 1 个多月，植株的根系就长满整个移植盆的底部了，在底部转了一大圈，已经开始向底孔外生长了。这时就可以二次移植或直接上盆了。移植的过程与上一次是一样的，选择大一号的盆用作二次移植，或者挑选大小合适的精美花盆直接上盆。

二次移苗或上盆后，我们就可以按普通盆花的养护方法来管理了。下面来分别看看具体方法。

TIPS

怎么打顶？

如果是为促进分枝而打顶的，比较合适的位置是顶端一对叶子后（见右页红线处，也就是常说的摘心），这样才能有效打破顶端优势，促进下面长枝条。如果只摘除最上面的一点点芽点，那么生长激素依然会聚集顶端，只长出一两个分枝。如果是控制高度或者修整株型，就可以往更下面剪，3～4 对叶子后（见右页图蓝线处）都完全没问题。

打顶（摘心）

打顶的目的通常是两个，主要是促进分枝，其次是控制高度。比较适合打顶的是需要开成片的花，比如矮牵牛、满天星、五色菊这些；还有就是分枝能力不够好，需要人工加强的，比如旱金莲、非洲凤仙、金鱼草等；以及波斯菊、万寿菊这些通过打顶控制高度的。

右边打顶后，出现明显的分枝了

左：再次打顶　右：植株的形态基本成型

打顶会延迟开花，而且并不是所有植物都适合打顶。像超大花的向日葵，打顶会多出几个花苞，导致花朵变小，因为营养分流了。分枝性很好的植物，比如六倍利，打不打顶效果基本一样，因此也不需要打顶。无茎品种也不需要打顶，如莲座状叶片的植物勋章菊、非洲菊这些。

施肥管理

这个阶段，大家都希望花儿快快长，往往叶面肥、底肥、水肥一起上，造成肥过量，轻度的肥害就是生长不良，重度的直接就是烧苗，叶尖开始枯黄。更麻烦的是肥的残留，植物吸收不了这么多肥料，而它们多是化学肥料，在土里残留，土壤逐渐盐碱化，土表起白碱，这样的土基本都废了，以后再种植物生长也比较缓慢。所以一定要控制住手，控制施肥。正确的施肥方法是：

上盆前，底部加一点有机肥或长效缓释肥（少量即可，泥炭土的肥力本来就挺好的）。

上盆后，喷 2 ~ 3 次叶面肥（或者 2 周给一次），浓度按说明书的比例来，不要太大。

开花前花苞期，喷或者少量浇灌开花肥一次。

花友答疑

Q： 写得真详细，如果能配上施肥时间、类型和用量就更好了。

A： 其实最开始，我整理过用肥的这些内容的，但后来发现没太多区别，只要底肥放好，后面的用肥都差别不大，最多就是喷下叶面肥和开花前浇点开花肥。

Q： 我有好多壁炉烧剩的木头灰，能不能用来当底肥？剩的啤酒、红酒能不能当肥料？

A： 我记得小时候，木头灰倒是经常用作肥料呢，但好像营养不够全面，不含氮，磷钾多一些。所以也不能只用灰做底肥，还得和其他肥料混合才行。啤酒、红酒我以前试过，少量还可以，多了土壤发酵会变酸变质。

浇水

这期间可以完全正常的浇水，把握“干湿交替，不干不浇，浇就浇透”的原则。切勿浇水太多，也不要在温度高的中午浇水，上午和傍晚都可以，以免蒸腾过旺，短时间死掉。

光照

一次移植上盆后，就可以按照成株的光照水平正常管理了。喜欢强光的直接晒太阳，如太阳花、向日葵、洋桔梗这些；喜中等强度光照的，放在太阳下或者有半天太阳的阳台都没问题，即便阳光太强有点蔫，也不会有损伤的，这类是大多数，比如矮牵牛。喜欢半阴的就放在充足的散射光处，比如非洲凤仙、仙客来、海棠、苦堇一类。

但在阳台养的话要注意转盆，也就是定期转动花盆，改变一下植物朝太阳的方向，保持株型的匀称。特别是比较高的植物，趋光性会导致往一边歪，影响整体美观。

病虫害预防处理

家养的草花由于不通风、环境湿润，容易出现病毒、菌病，药物预防的效果并不理想。平时的环境控制很重要，一定要适当控制浇水，土浇透但也需要有干的时候，不能一直比较湿。

虫害则比较少。常见的就是肉虫、白粉虱、红蜘蛛、介壳虫。

肉虫：

多数是蝴蝶的幼虫，用常规的杀虫药就能杀灭，比较容易防治，也可用镊子夹走。

介壳虫：

有一层蜡质，喷药效果不明显，早期可以直接清理掉，且出现的几率不大。

白粉虱：

在20℃以上时最容易出现，特别是春季，特别是阳台。黄板之类的物理防治都非常难。用专门的白粉虱药，特别是内吸性的，比如进口的拜耳亩旺特，效果不错。一周一次，连续2次，后面每1个半月到2个月预防一次，完全能控制住。但在露台和室外，白粉虱的出现就大为减少了。为什么呢？主要是通风。露天环境风大，光线强，反倒不适合白粉虱生长，一般不会大面积爆发。

红蜘蛛：

喜欢干燥的环境，白粉虱过后就是红蜘蛛的旺季，往往跟着白粉虱后出现。很难根治，但要控制则比较容易，即便是普通的阿维菌也有很好的效果，再配合一些红蜘蛛的专用杀虫药，1~2个月预防一次，效果不错。

喷药的要点：

有些药虽然是低毒，但是药都有些毒，要做好预防措施，带好手套、口罩。喷完后不要让小孩、宠物接触。一般干燥1~2天后，残留就比较小，相对安全了。一定要连续每5~7天喷2~3次才能控制下来，因为多数药虽然杀虫，但卵杀不完，一个繁殖期后再打药补充才比较彻底。

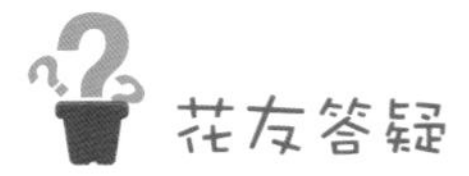

花友答疑

Q: 我是广西的,这边气候和广东差不多,而且我家花草也容易长白粉虱,真是非常讨厌呀!

A: 对,两地比较接近。白粉虱都是花比较密而且不够通风的环境下多,很难控制。户外或者楼顶露台,白粉虱就基本存在不了。我是用药控制的,其他方法效果都不好。一些进口农药效果还不错,出现苗头的时候,打两次药就能控制住一二个月。特别是春末爆发季节都能控制好。

Q: 可否推荐下治红蜘蛛的药?我买了好些都不顶用。

A: 治红蜘蛛用阿维菌、哒螨灵效果都不错,就是要喷到位。

我也是不想喷药,但不喷药,基本没法控制,和白粉虱、红蜘蛛都斗争了好几年了,用了什么守护神、黄板、硅藻土、生物肥皂等各种药。内阳台,如果要想不用药就隔绝白粉虱和红蜘蛛非常难。露台、地里就不用担心这个,就在阳台特别容易爆发。不用药,能种好的,又适合气候的就非常少了。控制喷药次数就行了,做好预防,一般一个月、一个半月就能控制得不错。喷药也不太会影响家里。

Q: 能否举例说明你具体是怎样防治病虫害的?

A: 我养花都是用药的,不用药很难控制病虫害。露台、天台的病虫容易控制些,阳台由于通风性不够好,白粉虱、真菌性病害都容易出现。

用药控制一般一个月喷一次,去年白粉虱完全没发生,控制土的干燥,白粉病也没发生。局部有红蜘蛛,用药后也完全控制住了。

Q: 上一题提到的用药具体是什么药呢?杀菌还是杀虫的,还是每个月用不同的药?我也是广州的,花种在阳台窗台,担心毒性大。能介绍下吗?

A: 杀菌药用得少一些,因为作用并不大,还不如控水的效果好。平时预防用阿维菌素,广谱,基本都能杀到。有专门的虫害爆发时,会用几次下面的药:杀白粉虱,用的是先正达的阿立卡和拜耳的亩旺特;杀红蜘蛛用哒螨灵。我基本都是将药混合在一起喷的,有时加些多菌灵。是药肯定有些毒性了,要小心些。不过日常使用的话,也是一个多月才一次,影响也不大。阿立卡这些味道没那么重,比乐果、菊酯类的毒性也要小些。

Q: 先正达的阿立卡,我记住了,正好今年想种朝颜,也是招白粉虱,用这个试试。请问在哪里能买到,味道大不大?

A: 阿立卡,在淘宝有几家在买,搜一下就行了。不过进口药有点小贵。气味中等,比阿维菌、乐果、多菌灵那些味道淡很多,但也不是没有味道。喷之后过半个多小时基本就没什么味道了。

6. 上盆开花

苗长到足够大时，我们就可以将它们移到合适且好看的盆里了，也就是上盆。下面就来具体说说。

悬挂盆　壁挂盆　陶盆　陶盆

选盆

上盆，不仅要考虑到花器的材质与自己对款式的喜好，还要考虑植物自身的特点。比如悬垂生长的六倍利、矮牵牛，就比较适合吊盆或者壁挂盆。小型植物如勋章菊、苦堇、仙客来，就可以选个好看的陶盆，小巧精致。

关于开花的一些问题

为什么我的苗不开花

不开花主要是花芽分化的问题，气候达不到开花的条件，如低温期或者长短日照。长日照和短日照国内都能实现，只是早晚的问题，可能有时候要等上半年。但需要低温期的在南方有些地方实现不了，就无法开花。所以挑选种子的时候就要注意，别成了养草。

为什么我的花开得不如别人的密集

有些花友觉得自己种的花和包装上样板差别很大，和别人种的差别也大。怎么才能像他们的那么好呢？开花是否密集，影响最大的是光照。光照跟不上，再怎么修整，密集程度都是欠缺的。好光照 + 适当的修整 + 合适的水肥 = 最好的开花效果！只要这些条件达到了，种出来就是样板那样密集的花朵了。

同样是盆栽日中花，上面是阳台种植，没有强光直射；下面的在露台，太阳充足，开花状况完全不一样。

拼盆

除单株种植外，还可以几棵种到一起，拼成大盆。这样更容易形成规模，也是比较常用的方式。比如一盆种 2~3 棵矮牵牛，一盆里种数丛六倍利。另外，就是将不同高度或不同品种的花组合到一个盆里，做成组合盆栽，效果也非常好。

多种颜色拼盆，达到五彩的效果

多棵拼盆，以便达到满盆的效果

花友答疑

Q: 如何衡量一个盆里放几棵花合适？

A: 我都是参考种植资料后自己琢磨的。有些资料写明丛生的，就可以一盆多种几棵，密植出效果。能种多少棵不是绝对的，对于六倍利和矮牵牛来说，一盆多种几棵比较出效果。有些则不能一盆种几棵，我尝试后，发现它们很难融入到一起，互相争抢得比较厉害（如蓝雪花、白雪花、绸缎花、蓝目菊、欧蓍草）。想尝试的花友，可以根据成株的大小去预估一盆种多少棵植株，每株间距在 5~10 厘米都是可以的。

Chapter 2
种子变盆栽
——91 种草花成长日志

了解了基本的播种知识和栽培要点，就可以开始播种了。付出一些精力和耐心，花草会给你丰厚的回报。

特别说明

1. 花草成长图片中标注的天数都是从种子发芽后计算的天数，不是从播种后计算的。
2. 对于开花季节南北方会有不小的差异，本书以主要开花的季节划分，仅供参考。有些花的花期，北方要晚于南方，比如天竺葵，因为南方热，所以只有春秋两季开花好；而在青海，夏季是唯一的开放季节。所以，具体的开花季节一定是参考开花条件和气候的，只要这两个条件满足，反季节开花都是可以的。

春季开花

指天气暖和后最早开花的一批草花，花期主要在 3~5 月，多数都需要低温春化，且怕热，南方难以度夏，只有春季能开。气候冷的地区开花时间要晚一些，南方播种需秋播，北方可以春播。

紫盆花
（蓝盆花、轮锋菊）

Scabiosa atropurpurea 川续断科蓝盆花属

蓝盆花和紫盆花都是轮锋菊，只是日本培育出来的不同颜色系，植株差别不大。我曾在春节后播种过一次蓝盆花，但是生长期太短，只开了一朵就死掉了，南方还是更适合秋播。后来又秋播了紫盆花，苗期生长慢，一直装菜，大大的菜，特别像萝卜、白菜，次年开花了，花朵大大的，一朵也能开挺长时间。紫盆花和蓝盆花长得不太一样，蓝盆花叶子小植株小，开花不怎么抽薹，花量也多，但花小很多；紫盆花抽薹高，有半米多，不太适合盆栽。两种花的花型和习性基本一致。

评价：紫盆花抽薹太高了，不适合盆栽，蓝盆花盆栽还不错，不过蓝盆花不耐高温潮湿。大部分开花需要春化。单花花期长，蜂窝状的花球还是挺特别的。

特征	发芽适温（℃）	发芽时间（天）	生长适温（℃）	高度（cm）	开花所需时间	播种光照	是否覆土
多年生	18~21	7~14	10~25	30~60	4~6个月	需光	稍覆土

何时移植	整体花期	开花日照	光照强度	习性	修整
4~6片真叶	1个月	中日照	中	冷凉	不需要

注意事项	开花条件	最小盆（cm）	盆栽密度
—	低温会促进开花整齐度和数量	15	1盆1株

花友答疑

我有一包紫盆花的种子，种了几批了，全军覆没，一个都没出。纸巾催芽、直播都试过了，怎么会这样呢？

紫盆花低温发芽会好些，20℃以内，温度高很容易烂种子。当然，成功与否也和种子的新鲜度与质量好坏相关。

羽扇豆

（鲁冰花）

Lupinus polyphyllus 豆科鲁冰花属

我也是后来才知道羽扇豆就是鲁冰花的，小时候看的电影《鲁冰花》历历在目，可当时对这种花却全然不知。我的种子是网友分享来混种的，就播到一起了。结果大颗的种子长得很快，我就移了出来单独种，本来是要3~4个月才会开花的，是长日照植物，在补光的情况下早早就开花了。但因为不成熟，开的花都好小，也不够密。花朵都是豆科那种蝴蝶样子，只是一串的。开花后还结了很多豆子，可惜还没长大就在风雨中仙去了。

评价：比较高大，不适合家庭盆栽，单株花的效果一般，适合成片规模种植或用作大型组合栽培。

特征	发芽适温（℃）	发芽时间（天）	生长适温（℃）	高度（cm）	开花所需时间	播种光照	是否覆土
多年生	21~24	7~10	10~24	40~60	2~3个月	嫌光	覆土

何时移植	整体花期	开花日照	光照强度	习性	修整
3~4片真叶	1~2个月	长日照	中强	冷凉	可摘心促分枝

注意事项	开花条件	最小盆（cm）	盆栽密度
宜直播，需酸性土壤（PH值4.5~5.5）	—	20	1盆1棵

20 天大的苗，长真叶后就长得很快了

30 天的苗，才 10 天，变化就很大了

60 天的苗，因为进行了移植，生长停滞了一段时间

70 天的时候发现了花苞

80 天的时候开花了

美丽日中花

（彩虹菊、龙须海棠）

Dorotheanthus bellidiformis 番杏科日中花属

在网上被日中花的惊艳吸引，才买来种的。第一次是元旦播种的，结果春节期间没人看管，被淹掉了。次年2月2日重新播种，可能是播得太晚了，后来开得并不好，每天就那么几朵花，和别人整盆的花比起来逊色多了。而且有一盆在自然条件下生长的，3个多月了还装菜。第二年无意间在地里种植了一片，结果带来惊喜，虽然整个开花期只有一个多月，但那盛放的密密的花朵让人惊喜连连。日中花，有太阳它就灿烂！

评价：花朵好看，很艳丽，但单花开放时间只有2~3天。植株肉质，比较脆弱，稍不留意就会弄倒或者弄掉枝条。虫害很少。

特征	发芽适温（℃）	发芽时间（天）	生长适温（℃）	高度（cm）	开花所需时间	播种光照	是否覆土
一二年生	8~24	5~10	8~22	10	10周	需光	不覆土

何时移植	整体花期	开花日照	光照强度	习性	修整
2~3片真叶	1个多月	长日照	中强	冷凉	20厘米高时摘心剪去一半，每年早春换盆一次

注意事项	开花条件	最小盆（cm）	盆栽密度
夏季休眠，土保持偏干。半月施肥一次，氮肥的施用量不能过多	—	10~15	1盆4~5株

开花

花友答疑

我也播了种子，可是很容易倒呀！唯一的独苗长了两片真叶也倒了！
倒是很正常的，就是软趴趴的。

我种了这个，不知道发芽后多久会开花？
到长日照到来的时候。南方是次年3月后。

五色菊
（雁河菊）

Brachycome iberdifolia 菊科五色菊属

五色菊是众多花草中我种得比较好的。刚买种子时觉得它并不起眼，在9月的高温下播下去几颗种子，由于长日照，两个多月就开花了。满盆都是，花量巨大，满头花苞。但我种的都是蓝、紫色的，没有白色，总感觉有些欠缺。下次就种白色的吧。不过话说回来，五色菊也有些不完美的地方。首先是趋光性，导致它长得东倒西歪。其次是根、叶都很细，很脆弱，特别是移植的时候，根经常被弄断大半，移植后要恢复很长时间。不过生命力挺强的，不会有问题。再次，持续开花时间2个月左右，不长不短吧。后来又种了一次，种植时间较晚，开花所需时间长了很多。

评价：盆栽满头的花苞，很漂亮，推荐种植。枝叶、根脆弱（浅根），大风大雨还有移植的时候要小心。

特征	发芽适温（℃）	发芽时间（天）	生长适温（℃）	高度（cm）	开花所需时间	播种光照	是否覆土
一二年生	18~22	12~16	15~25	25	10~15周	需光	不覆土

何时移植	整体花期	开花日照	光照强度	习性	修整
3~4片真叶	2个月左右	长日照	中强	冷凉	6片真叶时及时摘心

注意事项	开花条件	最小盆（cm）	盆栽特点
立支架，防乱长，也可垂吊栽培；稍耐阴，根系浅，移植要早	—	12	1盆1株

10天

30天

70天

105天

盛开情况：很适合盆栽

花友答疑

真好看啊！我的五色菊也是蓝色和紫色的，就是没那么密集，而且个头超高。是不是因为在室内隔着玻璃晒太阳的关系，所以长得高呢？

是光照不够的原因。隔着玻璃，光照强度会降低很多，只有50%不到。五色菊趋光性很强，我都是在阳台最外面以及楼顶露养的，虽然也不是全天的光照，但也比散射光以及隔着玻璃的光照好很多。秋播经过冬天的生长，春天会开放得很好。如果春播，植株很小就开花了，不够密集。

雏菊

Bellis perennis 菊科雏菊属

塔苏

当时去搜索“雏菊”这个关键词时，更多的是《雏菊》这部电影的描述。当我真正认识雏菊，还是种花之后，对它那纯洁的颜色很是喜欢。于是播了很多种子，种在一个长条盆里，还在菜地里种了一批。可能是期望太高了，结果并不如我所愿，开得稀稀拉拉高低不齐不说，花也不密。当然种子的问题也是一个原因。加上我太过爱惜，肥大了反倒开得不好，畸形的花也多。后来种了两个进口品种“舞蹈”和“塔苏”，进口的好品种还是不错的，而且在露台和菜地种植阳光更充足，开花就更好些。单株的开花比较旺盛，“塔苏”的花瓣比较艳丽。

评价：花多，好养，但需要经过春化才能开花，而且氮肥不能过多，会影响开花，更适合单盆或者花园种植。

特征	发芽适温（℃）	发芽时间（天）	生长适温（℃）	高度（cm）	开花所需时间	播种光照	是否覆土
一年生	15~25	3~7	5~25	15~20	14~15周	需光	不覆土

何时移植	整体花期	开花日照	光照强度	习性	修整
3~4片真叶	3个月	中日照	中	冷凉	不摘心

注意事项	开花条件	最小盆（cm）	盆栽密度
对高盐敏感	春化	12	1盆1株

7天

20天

40天

80天

100天

即将开放

这是“舞蹈”，开花比较密集。

绸缎花

（铜钱花、异果菊）

Dimorphotheca sinuate 菊科异果菊属

其实很早前就在淘宝买过这个种子。当时挺喜欢蓝目菊的，看到这个绸缎花和蓝目菊很像，就打算种种，结果没发芽。后来在虹越那看到了叫非洲金盏菊的，感觉还不错，也买回来种，种后越发觉得这就是绸缎花，最后经确认的确就是。

绸缎花开花比蓝目菊要密集得多，生长也迅速得多，很容易出效果，就是花小了一点，颜色也单调了些。但我喜欢，特别是成片的效果。之所以叫异果菊，是因为种子有两种形状，完全不一样，很奇特。

评价：作为冷季花强烈推荐。生长迅速，花量大而整齐，色彩艳丽，地栽比较整齐，盆栽也行。但花朵比蓝目菊稍微小些，而且花期只有1个多月，短了点。

特征	发芽适温（℃）	发芽时间（天）	生长适温（℃）	高度（cm）	开花所需时间	播种光照	是否覆土
一年生	15~20	7~8	18~28	30	10~14周	需光	稍覆土

何时移植	整体花期	开花日照	光照强度	习性	修整
2~4片真叶	1个多月	长日照	中强	冷凉	分枝很好，不太需要

注意事项	开花条件	最小盆（cm）	盆栽密度
生长前期需要10℃以下低温	低温春化	12	1盆1株

初现花苞

开花

福禄考

Phlox drummondii 花荵科天蓝绣球属

福禄考是挺普通的草花了，花市也常有盆花卖，不过我一直没播种过。去年秋播，也就顺带买了些种子试试，长得也不算慢，开花也挺早挺多挺密集的。不过不耐热，一热就死，花期也不算长。虫害不确定，因为当时整体控制了虫害，家里没有爆发虫害，不过看样子可能是有点招虫的种类。

评价：容易种植，花色繁多，开花早而多，地栽一片效果同样出众，不耐热。

特征	发芽适温（℃）	发芽时间（天）	生长适温（℃）	高度（cm）	开花所需时间	播种光照	是否覆土
一年生	15~20	18	15~25	25	9~10周	嫌光	覆土

何时移植	整体花期	开花日照	光照强度	习性	修整
3~4片真叶	1个多月	长日照	中强	冷凉	15cm摘心

注意事项	开花条件	最小盆（cm）	盆栽密度
不耐移植	—	10	1盆1株

10天

30天

50天

75天

盛开

100天

花友答疑

请问，一棵苗用多大的盆比较合适啊？

一棵的话10cm的盆已经够了。

飞燕草

Delphinium grandiflorum 毛茛科翠雀属

其实这棵不算我完全种起来的，因为是从花友那拿来的小苗，小苗应该有30~40天大了。看资料觉得这个很高，本来没打算种，也没期望太高，但春天开花的时候，着实让我惊叹了一回。虽然只有一棵，但分枝也很多，花是一串一串的，很多很多。而且也挺耐开的，陆续开了一个多月。就是飞燕草发芽困难了些，一般还需要春化才能开花。

评价：值得一种的花，特别是成规模的种植，会让你满意的。植株有点高，需要支撑（不过比柳穿鱼好些，要粗壮很多），也稍微耐阴，不需要特别多的阳光都能开得很好。

特征	发芽适温（℃）	发芽时间（天）	生长适温（℃）	高度（cm）	开花所需时间	播种光照	是否覆土
一二年生	10~15	14~18	5~25	30~100	11周	嫌光	覆土

何时移植	整体花期	开花日照	光照强度	习性	修整
3~4片真叶	1个多月	中日照	中强	冷凉	不摘心

注意事项	开花条件	最小盆（cm）	盆栽密度
宜直播，花期控制氮肥，种子可在冰箱5℃放6周再低温播种，有利于出芽	长日照和温度15℃左右	12	1盆1棵

100 天就开始盛放了

蛾蝶花

Schizanthus pinnatus 茄科蛾蝶花属

对蛾蝶花的认识是从一本书上看到的。因为花朵像蛾、蝶，而且花心有斑纹，拉丁名的意思就是平民的兰花。后来看到有花种卖，便买来种种，这花长得比较快，花也挺好看，但有两个缺点：一是怕热；二是非常惹虫，因为枝条比较嫩，蚜虫、白粉虱都喜欢。有它在，其他花反倒没什么虫了。

评价：美丽的花朵，花量也大。就是怕热、怕虫。

特征	发芽适温（℃）	发芽时间（天）	生长适温（℃）	高度（cm）	开花所需时间	播种光照	是否覆土
一二年生	15~20	10~15	10~18	20~40	10~16周	嫌光	覆土

何时移植	整体花期	开花日照	光照强度	习性	修整
株高10cm	1个月	长日照	中	冷凉	移植后摘心一次

注意事项	开花条件	最小盆（cm）	盆栽密度
立支架，防倒伏	—	13~18	1盆3~4棵

10天　40天　50天

60天 有花苞了

75天

边开边长，盛开后，顶部一片花

80天 初开

柳穿鱼
（姬金鱼草）

Linaria vulgaris 玄参科柳穿鱼属

柳穿鱼，本来没打算种的，因为一直觉得会长得太高，不适合我的阳台，特别是高了无法补光。但看到花友种植的成果，有些动心，也打算种种。在 12 月底天气最冷的时候（其实广州不算冷）播了几粒种子，没想到 2 月就开花了。特别早，颜色也不错，花量也大，一串串的，比想象中要矮。不过太弱小了，容易倒，最好立支架。单株效果不够突出，最好种一长条盆或一片，更好看。

评价：花多，开花早，颜色艳丽，但要片植才有好的视觉效果。比较脆弱，容易倒伏。

特征	发芽适温（℃）	发芽时间（天）	生长适温（℃）	高度（cm）	开花所需时间	播种光照	是否覆土
多年生	15~20	7~10	15~25	30~60	9~13周	需光	不覆土

何时移植	整体花期	开花日照	光照强度	习性	修整
2~3片真叶	1~2个月	长日照	中强	冷凉	花后把残花带三片叶剪掉

注意事项	开花条件	最小盆（cm）	盆栽密度
立支架，片植效果好 浸种一天更合适	—	16	3~5株

非常弱小

初开了，单株盛开情况

已经微微可以看到花苞了

花友答疑

我种的柳穿鱼也是东倒西歪的，全用绳子绑了，但是自从歪倒以后就不够精神了，花也开得少了，半枯不枯的。我想明年是否要打顶处理一下，然后早点放草木灰，可能会稍微强壮点。

没用的，“柳小姐”怕热，一热就死，这么扶都不行的。要是冬天，东倒西歪的一会儿就可以长出一大片，气温一过25℃就完蛋。

矮雪轮

（蝇子草）

Silene pendula 石竹科蝇子草属

这个花最开始是在一个花友的帖子里看到的，种植在地里，无意间的一片花，虽然小小的，但拍得很漂亮。就有了种种看的念头。播种后才发现，图片和现实还是有很大差距的，这个花的确小，只有新版的1角硬币大小。不过花量还算大，而且生长比较迅速，没什么病害，耐雨。从效果来说，密植好些，单独一棵效果不好，花很散。一盆3~4棵出来的效果比较好，花比较多。个人认为盆栽比地栽效果好。花期比较长，只是到了后期种荚比较多，没那么好看了。

评价：细碎的粉红色花朵，生长比较强健，容易种植。不过实际观赏效果不够好，有点像野草。

特征	发芽适温（℃）	发芽时间（天）	生长适温（℃）	高度（cm）	开花所需时间	播种光照	是否覆土
一二年生	18~22	7~10	15~25	20	11~12周	需光	不覆土

何时移植	整体花期	开花日照	光照强度	习性	修整
4~6片真叶	1~2个月	长日照	中	暖和	不需要

注意事项	开花条件	最小盆（cm）	盆栽密度
种子非常多，麻烦	—	12	一盆多株效果更好

20天
40天
80天
115天

紫罗兰

（草桂花）

Matthiola incana 十字花科紫罗兰属

紫罗兰，多美好的名字啊！但实际上我觉得花倒是一般般，至少买种子时图片对我没太大吸引力，就是播种的动力让我尝试了。这是十字花科的紫罗兰，不是苦苣苔科的“非洲紫罗兰”。

它是典型的十字花科，顶端一串花。不过我当时忘了打顶，一直到花苞出来才想起来。有点晚了就没打顶，一枝就一枝吧。如果成片种，效果应该还可以，但单独一株实在没太多看头，如果单盆的话，也是需要多株拼起来才有规模。典型的喜欢冷凉，在南方的冬天生长很好，户外种的话，怕跳甲这些吃叶的虫。花芽分化需低温春化。

评价：没太多新意的花，适合成片或者多株种植。适合南方冬天生长，早春开花。

特征	发芽适温℃	发芽时间（天）	生长适温（℃）	高度（cm）	开花所需时间	播种光照	是否覆土
多年生	18~21	4~5	5~20	20~60	14~18周	不敏感	不覆土

何时移植	整体花期	开花日照	光照强度	习性	修整
6~7片真叶	1~2个月	长日照	中	冷凉	可摘心促进分枝

注意事项	开花条件	最小盆（cm）	盆栽密度
早摘心可促分枝；紫罗兰为直根，不耐移植，长出6~7片真叶时可直接定植	成株需要3周10℃左右的低温春化期	10	1盆3株

15天

45天

95天

开花

喜林草

Nemophila maculata 科基麻科 属基麻属

黑芬尼

喜林草属于高纬度花卉，就喜欢冷凉的天气，和虞美人类似，比较怕热，而且发芽难。我播过两次喜林草，第一次在冰箱催芽，2 粒都发芽了，拿出来等它生长，结果在 11 月持续的 28℃ ~30℃高温里仙去了。第二次是网友分享的种子，11 月底便混种到长条盆里，没想到这次随意的播种，出芽率反倒很好，印象中是 4 颗种子有 3 颗出苗。当时因为觉得发芽率可能不高，所以没单独种，而是一股脑儿洒在一起，以致于开花前我都不确定这里面有喜林草。

说发芽难吧，后来都在 10℃以上的顺利发芽了。可能和种子的新鲜度也有关系。等到开花，发现远没想象中好，花太小，也不密。单盆种植可能好点。不过开花倒挺积极的，开了两个月还在开。后来又种了黑芬尼品种，阳光好了些，花也更多了，但依然是小花不够密集。

评价：花小巧、可爱，适合盆栽，但花不够密。怕热、涝。

特征	发芽适温（℃）	发芽时间（天）	生长适温（℃）	高度（cm）	开花所需时间	播种光照	是否覆土
一年生	10~20	10~20	5~25	10	14~15周	嫌光	稍覆土

何时移植	整体花期	开花日照	光照强度	习性	修整
直播，未移植	2个月	中日照	中	冷凉	不需要

注意事项	开花条件	最小盆（cm）	盆栽密度
直播，片植、丛植	—	8~12	1盆1株

开花

花友答疑

喜林草是不是又叫天使眼？这个花原来怕热啊？我买时花商说这花不怕热，难道被骗了？

的确有“天使眼”这样的说法（就是上图，花为白色紫点的品种），不过不太常用，“婴儿蓝眼”的叫法稍多些，它们都是国外喜林草的品种名。这个花25℃以上就容易得病，30℃以上基本不能生存了。

双距花

Diascia barberae 玄参科双距花属

双距花,听别人介绍过,看样子也不错,买来后却有点失望。生长习性和样子都和柳穿鱼(姬金鱼草)类似。花虽不一样,但仔细看来,就像连体的柳穿鱼。开花效果远不如柳穿鱼,不够集中,不够密集,而且花特别不耐风雨。一场风、一场雨就可以让许多花落地。总之是失望,对它有太多期待,但我没种好。有点耐热,北方开到夏天应该没问题,6 月底了还在开,开了 3 个月,不过就是稀稀拉拉的。想出效果还是要多种几棵,密一点才行。这花和柳穿鱼一样纤细,在室外肯定倒伏,需要支撑。

评价:2009~2010年度秋播第二失望花。种植是挺容易的,但要效果好得密一些。单株、单花没太多意思。特别容易倒伏。

特征	发芽适温(℃)	发芽时间(天)	生长适温(℃)	高度(cm)	开花所需时间	播种光照	是否覆土
一年生	18~21	4~6	10~19	20	10~12周	需光	不覆土

何时移植	整体花期	开花日照	光照强度	习性	修整
3~4片真叶	3个月	长日照	中	冷凉	可不打顶

注意事项	开花条件	最小盆(cm)	盆栽密度
花朵怕风雨,容易倒伏,需支撑 比较容易长高,可用B_9控高	—	12	1盆3~5株

开花

花菱草
（金英花）

Eschscholzia californica 罂粟科花菱草属

10月播过几粒，因为太热，出苗后就仙去了。11月底又跟着网友赠送的种子一起播，这才活了。花菱草发芽率很高，因为是混种在长条盆里的，也没管，过了冬季，春天就开放了。单花没什么特别，但开成一片，色彩还是不错的，渐变色的花瓣拍照片很好看。不过这花不耐开，也非常不耐雨，很快就开完了。2010年地植，就秋播了一棵，长得超大，图片里那一棵就是（看起来像多棵似的），适合地栽，成片的效果很漂亮。

评价：怕热，柔弱，色彩亮眼，适合花坛片植，不推荐阳台盆栽。

特征	发芽适温（℃）	发芽时间（天）	生长适温（℃）	高度（cm）	开花所需时间	播种光照	是否覆土
一二年生	15~20	7	5~25	30~60	12~14周	嫌光	覆土

何时移植	整体花期	开花日照	光照强度	习性	修整
宜直播，无需移植	1个月	长日照	中	冷凉	不需要

注意事项	开花条件	最小盆（cm）	盆栽密度
盆栽需立支架，防乱长，地植效果好；怕涝，易烂	春化	10	1盆1株

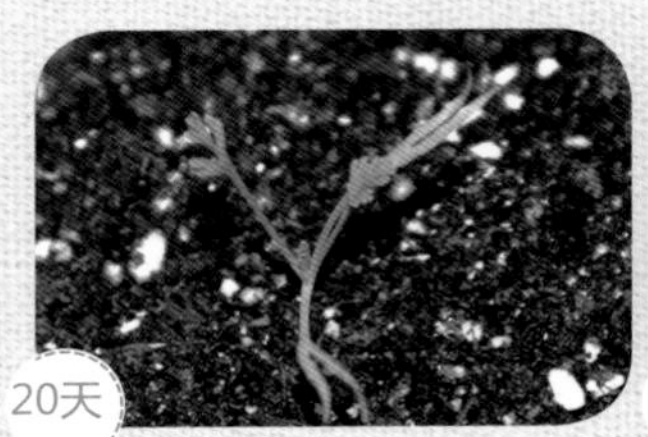

花友答疑

我种花菱草深有体会，从播种到养到很大，连续两年总是在炎夏挂掉。

花菱草是典型的冷季花，习性和虞美人类似，怕热又怕积水。在南方，早秋播怕热，太晚播又怕还没开就热掉，北方就好种多了。

虞美人
（丽春花）

Papaver rhoeas 罂粟科罂粟属

早听说虞美人是冷季花，而且不耐热，身在南方的我就一直没种。后来觉得还是该种种，毕竟没种过，就买了几种虞美人的种子，一部分撒到菜地，一部分在阳台种植。阳台的发芽很好，但苗期很纤细，加上阴雨的天气，倒伏了不少，但后期很好管理。菜地的播下后基本没反应，后来在砖缝里不知怎的长起来好几棵，也就是这几棵到最后灿烂了，开出不少花。这两种虞美人不尽相同，区别很大，叶子、花型都不一样，我更喜欢菜地的那种。苗期的图片基本是阳台里的那种（黄花），而红色花则是菜地的。两种不是同一棵，也不是同一个品种。

虞美人有些怕热，特别是阳台的那个品种“冰岛虞美人”，遇热就消花苞。

评价：绸缎般的花瓣，美人般的感觉。只是花量不够密，单棵没啥好看。要一片片的种才有效果。单花期也不长，不耐雨，不过自播能力很强。

特征	发芽适温（℃）	发芽时间（天）	生长适温（℃）	高度（cm）	开花所需时间	播种光照	是否覆土
一二年生	18~24	7~12	5~25	40~60	12周	需光	不覆土

何时移植	整体花期	开花日照	光照强度	习性	修整
3~4片真叶	1个月	长日照	中强	冷凉	不需要

注意事项	开花条件	最小盆（cm）	盆栽特点
怕热，遇热消花苞；宜直播，小苗不耐移植，但如果没办法直播，就3~4片真叶时移植，越往后越不适合移植	—	8	片植

花友答疑

我种虞美人怎么屡战屡败，请问应该春播还是秋播啊？

要保证种子的新鲜，新鲜种子发芽率高得多。播种时不能覆土。秋播比春播好得多，植株要壮、开花多。虞美人苗期比较弱，怕水、不怎么耐移植，不过发芽后带大一般问题不大。

原来虞美人秋播比较好。我在上海，这次春播我团了好几个品种的虞美人呢，那就一部分先春播试试看。

上海不算很冷，虞美人挺耐冷的。有一年，我种时经历过-1℃，也没出问题。不过幼苗期的确容易倒、容易死，后面就挺好生长的了。春播主要是生长的时间短，即便开花也不够多。不耐移植和种在花盆还是地里没什么关系，种在花盆里移植时小心些也不会有问题的。

我最关心的问题是：种虞美人的盆得多深呢？

虞美人的根不是很深，一般我都用深10厘米多一点的盆，13~15厘米吧。不过去年地植，有几棵长在砖缝上面，泥土1厘米都不到，也长得很好，还开得很好。

荷包蛋花

Limnanthes douglasi 沼花科沼花属

我承认，种这个花纯粹是被名字吸引过来的。荷包蛋，很特别。它既不是玄参科的荷包花，也不是木本夹竹桃科的鸡蛋花。之前种过一次，但种得太晚，还没开花就死掉了。第二年再买种子种了几棵，经历了漫长的生长期，终于开花了。还好之前看过很多资料，知道它的花不大，所以期望不是很高，也就没失望，花量还算可以，比喜林草好些。

我不免要拿它和喜林草作对比，因为花的大小差不多，比喜林草稍大些，习性也比较接近，都是喜欢冷凉、非常怕热，中间一圈黄色很可爱。就是想探索一下，以后肯定是不种了，没有别的原因，只是因为它实在不适合南方生长。

评价：黄白花清新可爱，但花朵不大，植株很怕热。南方基本4~5月梅雨一来就死掉了。开花需要经过春化，最好秋播。

特征	发芽适温（℃）	发芽时间（天）	生长适温（℃）	高度（cm）	开花所需时间	播种光照	是否覆土
一年生	15~20	15	10~25	15	16周	嫌光	覆土

何时移植	整体花期	开花日照	光照强度	习性	修整
4~6片真叶	1个月	长日照	中	冷凉	不需要

注意事项	开花条件	最小盆（cm）	盆栽特点
不耐高温潮湿	低温春化	8~10	适合多株同盆

10天
25天
45天
65天
90天
115天

春夏开花

春夏花卉开花可从春天持续到夏初，但夏季高温来临后多数要死掉。夏季比较凉快的北方和高原，开花时间会更长，多作一年种植，多数为长日照花卉。可春播也可秋播，但北方更适合春播，这样就不用担心过冬的问题；南方更合适秋播，植株更健壮、开花更壮观。

露子花

Delosperma lydenburgense
番杏科露子花属

当时买它完全是看介绍说耐热，开花密集。实际开花后有点失望，花小、颜色太单调，开花表现远不如日中花那样令人回味。但从生长表现来看，又比日中花花期更长，更耐热些。同期的日中花已经完全仙去了，但露子花还开着。

评价：生长容易，也比较迅速。但花不大，颜色也单调。需大太阳，花怕雨淋，残花影响美观。推荐度一般。

特征	发芽适温（℃）	发芽时间（天）	生长适温（℃）	高度（cm）	开花所需时间	播种光照	是否覆土
多年生	18~21	5~7	10~30	15	12~14周	需光	不覆土

何时移植	整体花期	开花日照	光照强度	习性	修整
3~4片真叶	3~5个月	长日照	强	暖和	不需要

注意事项	开花条件	最小盆（cm）	盆栽特点
耐热、耐旱	—	15	多株丛植

10天
50天
85天
110天

彩星花
（同瓣草）

Isotoma axillaris 桔梗科同瓣草属

彩星花，也叫同瓣草。第一次种是在2009年春天，是同小区的花友小e给的，当时是梅雨季节，很多花都仙去了，唯独这个长得不错。不过后来离开广州，最终还是仙去了，但其生长习性还是给我留下了良好的印象。

后来秋播又买了一些，但种子到得晚，冬天才播。当时气温低，长得非常慢，最后还被遗忘了，但即使被遗忘了，它还是在角落里静静生长着，后来发现的时候，已经在一次性杯子里长到开花了。上盆后开花逐渐多了些，但单棵还是很单薄。想要出效果，要多株种到一起，并打顶。

评价：耐热、花也耐雨，病虫害比较少，花期长，开了3个月还在开。想开花效果好要多种几棵。推荐。

特征	发芽适温（℃）	发芽时间（天）	生长适温（℃）	高度（cm）	开花所需时间	播种光照	是否覆土
一年生	18~25	10	20~30	25	12~18周	需光	不覆土

何时移植	整体花期	开花日照	光照强度	习性	修整
3~4片真叶	3个多月	长日照	中强	暖和	打顶

注意事项	开花条件	最小盆（cm）	盆栽密度
花耐雨，密植，多打顶出效果	长日照开花	15	3~5棵

20天
45天
70天
95天

花 葵

（三月花葵）

Lavatera trimestris 锦葵科花葵属

花葵，又是一个被图片迷惑而种植的草花。之前春播只剩一颗种子，后来被白粉虱侵害得不行了，就没成功。秋播再接再厉，春天终于开放了。三月花葵是花葵的一个品种，花瓣有纹路，看起来不错，粉色也是我喜欢的一种颜色。植株比锦葵小很多，适合盆栽。花葵种子不小，生长状态却不够强健，也不太耐热。由于是第一次种植，也没什么资料参考，忘了打顶，近开花的时候才对一棵进行打顶。

评价：不错的颜色和纹路，开花较为密集，但花瓣怕雨，而且生长不够强健。

特征	发芽适温（℃）	发芽时间（天）	生长适温（℃）	高度（cm）	开花所需时间	播种光照	是否覆土
一年生	15~20	7~14	15~30	20~60	12~16	嫌光	覆土

何时移植	整体花期	开花日照	光照强度	习性	修整
3~4片真叶	2个月	中日照	中强	暖和	10cm打顶，促分枝

注意事项	开花条件	最小盆（cm）	盆栽密度
可进行两次打顶，使植株丰满，开花更密集旺盛；宜直播，小苗不耐移植，但如果没办法直播，就3~4片真叶时移植	—	12	1盆1株

没有雨，花灿烂；一来雨，花全掉

六倍利

（小六、半边莲、山梗菜、翠蝶花）

Lobelia erinus 桔梗科半边莲属

六倍利也是我在论坛上看到花友种的照片觉得很好看，花量非常大，所以也想尝试的。当时是9月中旬，还在高温（30℃）就忍不住播种了。没想到，暖暖的气候里六倍利长得比较迅速，加上补了一些光，11月就开花了。一直开到春天。但冬天开花就少得多，而且长得比较慢。后来到春天正要大量开放时，梅雨季来了，于是仙去了，有点可惜。

感觉六倍利更适合盆栽，15~20cm的盆种3~5棵（集束种子）比较合适，整齐，也比较透气，容易管理。

评价：值得种的花，花量大，边开花边长。垂吊品种开花要早些。

特征	发芽适温（℃）	发芽时间（天）	生长适温（℃）	高度（cm）	开花所需时间	播种光照	是否覆土
一年生	22~25	5~10	15~25	12~20	9~15周	需光	不覆土

何时移植	整体花期	开花日照	光照强度	习性	修整
6~8片真叶	3个月	长日照	中强	暖和	可6~8叶摘心，促进分枝

注意事项	开花条件	最小盆（cm）	盆栽密度
摘不摘心效果差不多，稍耐阴，丛植效果好；白天温度越高、夜间温度越低，光照时间越长，光照强度越强，开花越早	长日照	10~15	1盆3株

10天

30天

70天

花友答疑

我的早出苗了，只是一粒集束种子里面出了好几个，我装盆后把那些苗分开了，也不知道对不对。

其实不分更好，更容易成群。

你的20天苗、30天苗是指播种开始算，还是出芽后开始算？我的小六都1个多月了才长2片叶。

20天苗、30天苗都是发芽后的天数。我两次种小六，区别很大。第一次主要是播种早，天气暖和，长得快，而且补了光，开花也早。第二年因为是冬天播的，长得很慢，可以说基本不长，与第一次差别很大。

白晶菊
（晶晶菊）

Chrysanthemum paludosum 菊科茼蒿属

也是被图片吸引买的花。满怀期望地播种，结果和期望还是有些差距的。首先花朵实在小啊，只有一角的硬币大小，其次容易得白粉病。在广州这个气候环境下，先后播种的十几棵，无一例外全都得了白粉病，病怏怏的，烦咧。

评价：比较容易种植，生长、开花比较快，如果不摘心的话，2个月就能开花。花朵洁白。但容易得白粉病，花朵小，也不耐晒，有太阳的情况下花很快就谢。

特征	发芽适温（℃）	发芽时间（天）	生长适温（℃）	高度（cm）	开花所需时间	播种光照	是否覆土
一年生	15~20	5~8	5~25	15~25	11~12周	需光	不覆土

何时移植	整体花期	开花日照	光照强度	习性	修整
4~5片真叶	1个月	长日照	中强	冷凉	10cm摘心一次

注意事项	开花条件	最小盆（cm）	盆栽密度
30℃以上生长不良，氮肥多会推迟开花	—	15	1盆3株

30天
冬播长得比较慢

40天

65天
有些已有花苞但被打顶

75天

85天
大了很多，要开放了

90天
初开

开得也旺盛，但还是不够密集

黄晶菊

Chrysanthemum multicaule 菊科茼蒿属

在最开始种白晶菊的时候就想种黄晶菊了，但无奈没找到进口种子，一直没种成。到现在也没有找到进口的种子，最后只能选择国内的种子试试。还是比较容易种植的，不过播得太迟，还小小的就开花了，开得不旺就不好看了。不过黄色比白色显眼，我个人喜欢它比白晶菊多一些。

评价：大众的菊花花朵，花小，阳光充足才能开得好，容易感染白粉病。

特征	发芽适温（℃）	发芽时间（天）	生长适温（℃）	高度（cm）	开花所需时间	播种光照	是否覆土
两年生	15~20	7~10	15~25	15~20	8~12周	需光	不覆土

何时移植	整体花期	开花日照	光照强度	习性	修整
3~4片真叶	1个月	长日照	中强	冷凉	打顶促分枝

注意事项	开花条件	最小盆（cm）	盆栽特点
—	—	5	大盆可种多株

14天
30天
60天
80天

桃色蒲公英

Crepis rubra 菊科蒲公英属

去年是粉色控，看到这个图片便买来种了。没什么种植资料，也没过多的期待，以为只会开一朵花而已，结果超出我的想象。它生长比较快，粗放，少虫害，养起来省心。开花是一大束的，几棵一盆或者地植一片的效果不错。单花中规中矩，能开上5天到1周。花也不算小，本以为像野生的蒲公英那般小呢，实际还挺大，不一样。不过它怕热，天气一热寿命也就到了终点。

评价：花量不小，容易种植，没什么病虫害，但怕热。喜欢粉色花的花友可以种种。

特征	发芽适温（℃）	发芽时间（天）	生长适温（℃）	高度（cm）	开花所需时间	播种光照	是否覆土
多年生	14~21	4~10	15~28	30~40	12~16周	嫌光	覆土3mm

何时移植	单花花期	开花日照	光照强度	习性	修整
3~4片真叶	5~7天	中日照	中	暖和	不需要

注意事项	开花条件	最小盆（cm）	盆栽密度
虫害少	—	20	1盆3株

15天
40天
65天
90天

费利菊

（蓝雏菊）

Felicia heterophylla 菊科费利菊属

这是我最早期“中毒”最深的一种花。当时看到花友“海绵包包”的帖子，满满的一盆蓝玛（当时她被称为蓝玛）开得整齐，便深深被吸引，一直苦寻种子。后来查资料得知这个“蓝玛”是蓝雏菊，就买了日本的蓝雏菊“春天的童话”的种子。种出来大失所望，一是花瓣很不整齐，二是花型也没有费利菊好看。仔细观察后发现，让我“中毒”的花正式的名字是费利菊；而蓝雏菊和费利菊应该是很接近的,同一个科属,品种有差别。之后苦苦寻找费利菊，直到 2009 年买了苗。春天买的苗没有春化，到夏天由于种种原因没能保存下来。去年从广东的花友那得到扦插苗，虽然春天只是零零散散开了几朵，但我已经很满足了。

话说回来，费利菊种植还算容易，没什么虫害，但度夏要小心，特别是太阳后的大雨，很容易突然干掉。多打顶可丰满株型，花的颜色是很纯正的蓝色。

评价：虫害少，蓝色比较纯正，花型整齐亮眼，值得种，来年大株开花更多更旺。

特别说明：这个品种是买的苗，非播种繁殖，所以表中关于播种的事项为空白。

特征	发芽适温（℃）	发芽时间（天）	生长适温（℃）	高度（cm）	开花所需时间	播种光照	是否覆土
多年生	—	—	10~28	15~30	—	—	—

何时移植	整体花期	开花日照	光照强度	习性	修整
—	1~2个月	长日照	中	暖和	可摘心促分枝

注意事项	开花条件	最小盆	盆栽特点
—	需春化	小	1盆1株

0天

25天

50天

75天

苗期图片为扦插苗生长时间

蓝雏菊
（春天童话）

Felicia heterophylla 菊科费利菊属

和蓝玛有差距，花型不齐，很稀疏；种了一次就没有再种了。

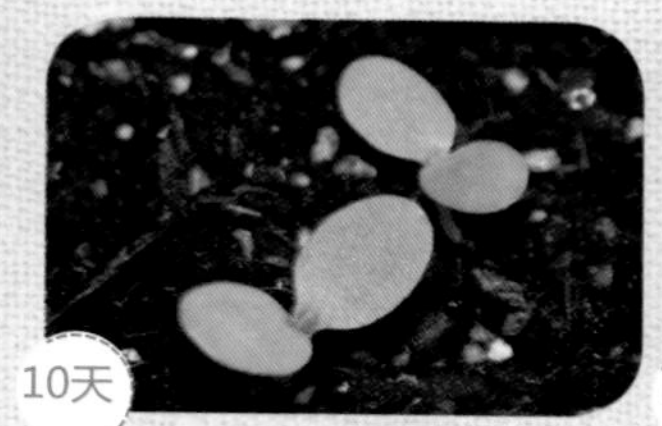

左边是10天苗，10℃~20℃出芽率挺高的。右边是40天苗

左边是50天苗，变化很快， 右边是60天，出花苞了
2个多月就进入盛花期，开花很早。就是花瓣没型

评价：开花早、花苞多，但花型不整齐，不够精致，开花时间短。

特征	发芽适温（℃）	发芽时间（天）	生长适温（℃）	高度（cm）	开花所需时间	播种光照	是否覆土
一年生	18~23	5~10	7~23	15~20	8~9周	需光	稍覆土

何时移植	整体花期	开花日照	光照强度	习性	生长调节剂	修整
出苗后20天	1~2个月	长日照	中	暖和	不需要	可摘心促分枝

注意事项	开花条件	最小盆（cm）	盆栽特点
花期施磷钾肥	—	6~8	1盆1株

玫红永生菊

（千年菊）

helipterum roseum 菊科麦秆菊属

也不知当时怎么买了这个花，可能是对菊科的偏好吧。当年10月播过一次，很快就发芽长大了，但不太耐热，半个月就倒下了。一直等天气冷下来，12月看有播种的空间，就播到长条盆里。结果生长漫长啊，4月才迎来开放。花很特别，天天开开合合，都1个月了还是如此，不愧是干花品种啊！到5月实在看不下去这样的开开合合了，索性剪下做干花了。晾干了几天，颜色还依旧。花很小，秆较高，容易倒，对我来说，试验一下就好。

左图：混播在长条盆的，待遇差了些，里面最小那棵就是
右图：漫长的等待，110天终于开花了

评价：怕热，生长比较容易，花小。植株高，不适合盆栽，花剪下来可作干花。

特征	发芽适温（℃）	发芽时间（天）	生长适温（℃）	高度（cm）	开花所需时间	播种光照	是否覆土
一二年生	15~20	7	15~22	25~60	4个月	需光	不覆土

何时移植	单花花期	开花日照	光照强度	习性	修整
4~5片真叶	1个月以上	长日照	中强	冷凉	摘心一次，保留4~5个壮枝，去残花

注意事项	开花条件	最小盆（cm）	盆栽密度
宜直播，但小苗不耐移植，如果没办法直播，就4~5片真叶时移植	—	15	1盆2~3株

狗娃花

Heteropappus meyendorfii 菊科狗娃花属

第一次看到狗娃花的图片时感觉新奇，刚好秋天看到这个种子，便买了一点尝尝新。之前只有少数人种过狗娃花，没太多资料可以参考，只能自己琢磨着来了。

狗娃花开始长得比较慢，但根系很好，即便天气比较冷，还是在不断长。到 4 月初就不一样了，开始分枝，也逐渐看到花苞了。历时 5 个月，狗娃花终于开了。在露天的地里和楼顶都种了一些，楼顶盆栽的效果要比地栽好一些。不是说地栽不好，而是因为很多虫子还有雨水的打扰，导致花开得不好，叶子没什么虫，就是花瓣会被跳甲吃，开花的大小也不如盆栽。但总体来说远达不到第一次看到样板图的效果，估计要在开之前进行多次摘心，生成更多花苞才行。颜色是浅紫色。花型的整齐度不错，单花一周左右，稍微耐雨，生长比较强健，这些都是优点。

评价：盆栽生长强健，比较粗生，少虫。开花也整齐，单花保持时间也不错。喜欢菊科的花友可以种一下。

特征	发芽适温（℃）	发芽时间（天）	生长适温（℃）	高度（cm）	开花所需时间	播种光照	是否覆土
多年生	15~25	7	5~30	30~45	14~18周	需光	稍覆土

何时移植	单花花期	开花日照	光照强度	习性	修整
5~6片真叶	1周	长日照	强	暖和	不需要

注意事项	开花条件	最小盆（cm）	盆栽密度
现花苞时多次打顶或许能促进分枝，产生更多的花苞；宜直播，但直播不好控制发芽情况，所以我基本都会选择育苗再移植，一是可控制发芽，二是节省空间	—	8~10	1盆1株

盆栽开花更密集一些。

蓝目菊

Arctotis stoechadifoli var.grandis 菊科蓝目菊属

蓝目菊也算是我一直期待的花草，种了好几棵，等啊等，到1月才开花。可能是需要低温春化，所以时间长。花量可谓壮观，特别是几棵放到一起，顶端一片的花海，花朵也大。

蓝目菊花的趋光性很强，朝光亮的地方长，阳台一族要注意，不时转下花盆，不要像我这样全朝着阳台外面开，还高低不齐的，影响美观。如果在全日照的庭院里种，不会有偏光的情况，那就完美了。花生长比较旺盛，需要大一点的盆，最好是15~20cm的盆一株，生长比较健壮，后续的花叶不太会出现变小的情况。后来进行了地植尝试，因为光比较均匀，开花不会那么乱，且光照条件更好，开花更密集了。

评价：花大，花多，很好看。值得种。记得打顶促分枝，同时能控高。

特征	发芽适温（℃）	发芽时间（天）	生长适温（℃）	高度（cm）	开花所需时间	播种光照	是否覆土
一二年生	18~25	6~8	10~28	40~60	16~19周	嫌光	覆土

何时移植	整体花期	开花日照	光照强度	习性	修整
3~4片真叶	3个月	中日照	中	冷凉	不摘心，发蕾时控水

注意事项	开花条件	最小盆（cm）	盆栽密度
打顶控制高度或用矮壮素	春化（10℃以下），植株的成熟度及光强和较低的夜温可使花量增大	15~20	1盆1株

花友答疑

我种的蓝目菊为什么看起来叶子和你的不像，反而像你的蓝雏菊，不会是种子搞错了吧？

蓝目菊的叶子，从图片上看的确和蓝雏菊有点接近，不过蓝目菊的叶子要更大。而且30多度蓝雏菊基本不太能活了。蓝目菊还勉强可以。

3月种这棵蓝目菊的时候，我其实特地去鉴别过种子的，因为当时实在闹不清蓝目菊、蓝眼菊以及南非万寿菊的关系。

蓝眼菊、蓝目菊、南非万寿菊，这几种大家都搞得比较乱，还有一种异果菊，都是很类似的花朵。我也不敢说百分百能正确，反正我知道的是，南非万寿菊就是蓝目菊，蓝眼菊的叶子披白毛，灰灰的。但蓝目菊，也有人会称为蓝眼菊，相对应，蓝眼菊也有人称为蓝目菊，所以乱了。反正南非万寿菊就是蓝目菊。蓝雏菊则是另外一类了，完全不一样，和雏菊也完全不一样。

蛇目菊
（金鸡菊）

Coreopsis tinctoria 菊科金鸡菊属

之前分享了花友的混合种子，一同播到长条盆里，不知道里面有哪些种子，直到它们陆续开花才被识别出来。这里面就有蛇目菊，唯独它长得强悍，两棵就占了大半个长条盆，而且高高的。一直不拿它当回事，放在最外面一排用来挡风挡雨，还曾有扔掉它的念头，因为实在太“野”了。风吹雨打，花枝都折断了不少。本打算开几朵花看看就扔掉的，结果开出一片花花，一直不停地开，让我们吃惊了。

那就围起来好好地开吧，放在阳台一角，探出栏杆，不失为一种风景。这花的确非常粗生，不长虫。花量大，非常难得。2010 年又种了一次（图片所示黄色和红色花的即为两个不同品种），地植种得晚，长得超级慢，90 天就像早播的 1 个月的苗，不过这个品种也有些不一样，矮化了很多，但花依然多，一片片的，同样比较粗生。

评价：容易种植，不惹虫，花苞非常多。普通品种太高了（1米），不怕雨，但怕风，矮化品种好点。推荐种植！特别是有花园的。

特征	发芽适温（℃）	发芽时间（天）	生长适温（℃）	高度（cm）	开花所需时间	播种光照	是否覆土
一二年生	15~20	7~10	15~30	20~80	12周	需光	不覆土

何时移植	整体花期	开花日照	光照强度	习性	修整
6~8片真叶	2~3个月	长日照	中强	暖和	摘心一次

注意事项	开花条件	最小盆（cm）	盆栽密度
肥多会徒长	—	20	1盆 1株

开花

矢车菊

Centaurea cyanus 菊科矢车菊属

买种子时很犹豫，因为它看起来不太适合盆栽，高高的，也不密集。恰好阳台有空间，就在淘宝买了些便宜的种子随便种种。刚开花时还真有点失望，很稀疏，高高的秆子就那么几朵花，像野草一样。1个月后，分枝的花赶上来就旺盛多了，还有些成片的感觉。

评价：矢车菊很有野性，生长粗放。花耐雨，但枝秆高挑，盆栽容易倒伏，适合地栽。

特征	发芽适温（℃）	发芽时间（天）	生长适温（℃）	高度（cm）	开花所需时间	播种光照	是否覆土
一二年生	15~20	7~14	5~25	30~90	12周	嫌光	覆土0.5cm

何时移植	整体花期	开花日照	光照强度	习性	修整
6~7片真叶	3个月	长日照	中强	冷凉	摘心1次

注意事项	开花条件	最小盆（cm）	盆栽密度
成片地栽效果好，现花蕾后停肥	春化	13~17	1盆1株

30天

70天

105天

130天

开花

欧蓍(shi)草

（西洋蓍草、千叶蓍）

Achillea millefolium 菊科蓍草属

种它完全是冲着适合地植去的，实际回报比我预想还好。野性十足，不怕雨，没什么虫，花期很长，开花时形成一片片色块。单花没什么吸引力，但用颜色装点花园很不错。欧蓍草，也就是西洋蓍草。

评价：有花园的地主们，种一些吧，春末初夏能给你带来成片的色彩。很好种植，没什么虫，花不怕雨，稍微怕风倒伏，单个花序能开近一个月。地植分枝更好。

特征	发芽适温（℃）	发芽时间（天）	生长适温（℃）	高度（cm）	开花所需时间	播种光照	是否覆土
多年生	15~20	7	5~25	60	12~16周	不敏感	稍覆土

何时移植	单花序花期	开花日照	光照强度	习性	修整
3~4片真叶	近1个月	长日照	中强	暖和	摘心一次

注意事项	开花条件	最小盆（cm）	盆栽密度
适合地植	—	15	1盆1株

10天
30天
70天
105天
130天

黑眼苏珊

Thunbergia alata 爵床科山牵牛属

一直没种过爬藤类的花，牵牛花期又短，就打算种个黑眼苏珊试试。大颗的种子，萌芽快，生长快，不到两个月就开花了。不过后来又是白粉虱又是红蜘蛛的，而且一点不耐热，没开多久，就被我整棵拔了扔掉了。爬木栅栏应该不错，不过最好光线充足，光线不够开花不多。另外，我这棵不是黑眼的。哈哈。

评价：颜色鲜艳，生长迅速，但容易长红蜘蛛和白粉虱，也不耐热。能耐半阴，但花量会严重下降。

特征	发芽适温（℃）	发芽时间（天）	生长适温（℃）	高度（cm）	开花所需时间	播种光照	是否覆土
多年生	21~24	6~12	15~25	200	8~11周	嫌光	稍覆土

何时移植	整体花期	开花日照	光照强度	习性	修整
直播，未移植	3~4个月	非短日照	中强	暖和	可摘心促分枝

注意事项	开花条件	最小盆（cm）	盆栽特点
浸种一天，直播	—	15~20	爬藤

有花苞了

爬很高了

兔尾草

Uraria crinite 禾本科兔尾草属

兔尾草，当时是顺手买来试试，播种也比较随便。本来准备秋播的，种子7月底到了，8月就撒下了两粒，就此发芽成长了，以至都没怎么拍照留影，没有太多苗期的记录。当时也挺沮丧的，因为种了好久都没开花，本以为秋季就能开花看到兔尾了，结果一直到第二年春天才开花，那时已经是满满的一盆了。其间没换盆，土少根多，蓄水少，导致经常被晒得干蔫蔫的，不过还是活下来了。从实际情况来看，兔尾草还是有点怕热，热的状态下生长并不好，而且容易得病死去。

其实花和叶并不是特别的好看，但拍出来效果很不错，柔柔的感觉，忍不住拍了很多张，而且叶子有“布”的质感，摸起来很舒服。

评价：并非如资料所说那么耐热，但比较粗生，很容易种植，一棵就能长成一大盆，叶片有柔柔的触感。是很好的陪衬植物，也可单独种植，单花能开1~2周。

特征	发芽适温（℃）	发芽时间（天）	生长适温（℃）	高度（cm）	开花所需时间	播种光照	是否覆土
一年生	15~18	7	15~30	40	12~13周	不敏感	覆土

何时移植	单花花期	开花日照	光照强度	习性	修整
3~4片真叶	1~2周	长日照	中强	暖和	不需要

注意事项	开花条件	最小盆（cm）	盆栽密度
不覆土也能很好地发芽，怕高温，怕湿	—	12	1盆1株

这个是不是狗尾巴草啊？

和狗尾巴草很像。不过叶子绒毛状，整体都更软，更舒服。

古代稀

Clarkia amoena 柳叶菜科山字草属

古代稀当初差点被我当杂草扔掉，小苗长得非常像草，乱爬而且长得很快，到后期就慢了。特别是有了花苞之后就不怎么长了，花苞天天也都差不多，要等一个多月才开花。植株不好看，比较野性，相对适合在花坛、花园种植，盆栽的确不太适合。单花效果一般，但开一片还不错，色彩艳丽，有绸缎的感觉，而且耐开。

评价：适合花坛或者花园，不适合盆栽，色彩艳丽。但因为不耐移植而且怕热，显得稍微娇贵了些。

特征	发芽适温（℃）	发芽时间（天）	生长适温（℃）	高度（cm）	开花所需时间	播种光照	是否覆土
一二年生	18~22	10	8~25	15~60	12周	不敏感	覆土

何时移植	整体花期	开花日照	光照强度	习性	修整
宜直播	1~2个月	长日照	中	冷凉	15cm摘心

注意事项	开花条件	最小盆（cm）	盆栽密度
宜直播，控制氮肥	—	12	1盆1株

长得很快了

大了很多

分枝也多了

紫芳草

（波斯紫罗兰、藻百年）

Exacum affine 龙胆科藻百年属

花友分享来的小苗，拿来时是右页第一张图大小。不知是水土不服还是怎么的，不到两周，三棵就剩一棵了。不过这棵最终是存活，而且开花了。紫芳草，也叫波斯紫罗兰，比较小巧，作为小盆栽很不错，花很多，能开很久。就是长得慢，要有耐心。春播可能生长会快些，冬天实在慢，长大了也很小巧，适合一盆种多棵。

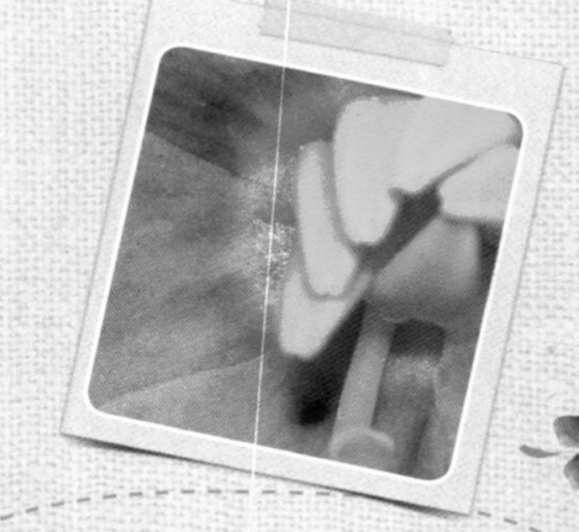

评价：小巧，对光照要求不是特别高，可短时间摆放室内点缀。花多而且耐开，没什么虫害。生长缓慢，生长期要4~5个月。

特征	发芽适温（℃）	发芽时间（天）	生长适温（℃）	高度（cm）	开花所需时间	播种光照	是否覆土
一二年生	15~25	14~21	15~25	10~20	12~15周	需光	不覆土

何时移植	整体花期	开花日照	光照强度	习性	修整
6~8片真叶	3~4个月	中日照	中	暖和	10cm摘心一次

注意事项	开花条件	最小盆（cm）	盆栽密度
—	—	6~10	12cm盆 3~5棵

花苞很多了

开放了

花友答疑

紫芳草从现花苞到开放是不是需要很久？我的老是小小的花苞，半个多月了也没太多少。
紫芳草在温暖的环境下长得快些，从发芽到开花至少也要3个月左右。如果真是有花苞，就应该离开放不远了。

我7月初播的紫芳草，月底刚看到开始长了一点点真叶，需要晒太阳吗？
迟些再晒太阳，早上或者下午的太阳没问题。

麦仙翁

Agrostemma githago 石竹科麦仙翁属

本来没打算种麦仙翁的，因为知道它植株比较高。但由于买了大花满天星的种子，同样会比较高，就打算一起播种了。只是最后发现，大花满天星是假种子，都是麦仙翁。值得欣慰的是，花开得还算不错，至少单朵花的色彩很好看，中间的灰色线条很有现代感。花量不够大，不够密，而且比较乱，不太适合盆栽，比较适合庭院吧。

评价：花好看，生长也算快，但比较高，需要支架，不适合盆栽，可庭院地栽。

特征	发芽适温（℃）	发芽时间（天）	生长适温（℃）	高度（cm）	开花所需时间	播种光照	是否覆土
多年生	15~20	7	10~25	50~60	70天	嫌光	稍覆土

何时移植	整体花期	开花日照	光照强度	习性	修整
6~8片真叶	1个月	长日照	中强	冷凉	15cm摘心一次

注意事项	开花条件	最小盆（cm）	盆栽密度
立支架，防止乱长	—	13~17	1盆1株

生长比较快

已经开始抽薹了

满天星

Gypsophila Paniculata 石竹科丝石竹属

细细碎碎的满天星在花市上总是很抢手，但自己一直没买，总想亲手播种起来一棵。秋播终于买了种子，播了很多，可偏偏发芽不久就遇到低温阴雨的天气。我放在楼顶没去管理，结果倒了一堆苗，最后只剩2棵活下来了。但就是这两棵最终盛开了，开得满满的，家人很喜欢。不过同样的种子，同样的环境条件，一棵单瓣，一棵重瓣。

评价：很漂亮的碎小花朵，像满盆的小星星，很讨人喜欢。适合家庭盆栽。苗期比较脆弱，但后期生长比较好管理，要多打顶促进分枝。

特征	发芽适温（℃）	发芽时间（天）	生长适温（℃）	高度（cm）	开花所需时间	播种光照	是否覆土
多年生	21	7~10	15~25	25~30	10~13周	需光	不覆土

何时移植	整体花期	开花日照	光照强度	习性	修整
5~6片真叶	2~3个月	长日照	中强	冷凉	7~8对叶时摘心

注意事项	开花条件	最小盆（cm）	盆栽密度
多次摘心促分枝，不耐移植	长日照开花	8	1盆1株

花友答疑

我的满天星枝有点下垂了，是水大了吗？

有可能。满天星很耐旱，不过不是很耐水。

猴面花

Mimulus luteus 玄参科酸浆属

猴面花第一次种是春播，才开了几朵花就死掉了，不耐梅雨。花还行，如果大棵的能开满花还是不错的，可惜我种的不大。算是容易生长的，但白粉虱挺喜欢它，有点烦人。第二年重新种了猴面花，由于是冬播，长得稍微慢点。花也不算小，但依然逃不过高温和潮湿，高温一来加上淋雨，还没开多久就仙去了，是比较早倒下的一批花。

评价：早花，比较容易种植，品种色彩也丰富，多棵种到一盆里效果应该不错。很怕高温潮湿。

特征	发芽适温（℃）	发芽时间（天）	生长适温（℃）	高度（cm）	开花所需时间	播种光照	是否覆土
多年生	15~20	7	15~28	30	7~9周	需光	不覆土

何时移植	整体花期	开花日照	光照强度	习性	修整
2~3片真叶	2个月	长日照	中	冷凉	多次摘心，促分枝

注意事项	开花条件	最小盆（cm）	盆栽密度
多株同盆出效果快，不耐高温潮湿	—	10	1盆1株

60天
90天
120天

春夏秋开花

春夏秋花卉，主要是春天开始开，能度夏，并且持续开到秋季的花卉，基本都是长日照花卉，可以春播。这类草花有两类：一是开花主要集中在比较凉爽的春秋两季，夏季太高温开花稍有不良，如勋章菊；二是喜欢高温的品种，夏季为主要开花季节，春末就开始初花了，比如马齿苋、百日草。

蓝雪花

Ceratostigma plumbaginoides
白花丹科蓝雪花属

认识蓝雪花，是在同小区的几个花友帖子里。后来看到实物，发现开花的确繁茂，能开成很大一棵，而且不怕雨不怕晒，比较粗放。但是种子超级贵，幸好花友给了我几颗剩余的种子，圆了种蓝白雪花的想法。种子大，发芽率比较高，长得也快，蓝雪的花要比白雪大一些。就是枝条属于细长型，比较难成球状。每年最好定期修剪。

评价：很容易打理，不需要费太多心思就能一直开花，而且能耐半阴。种上几棵，在花少的夏季是很好的点缀。不过每年最好进行一次修剪。

特征	发芽适温（℃）	发芽时间（天）	生长适温（℃）	高度（cm）	开花所需时间	播种光照	是否覆土
多年生	22~23	4~6	10~32	35~50	10~14周	嫌光	覆土

何时移植	整体花期	开花日照	光照强度	习性	修整
2~3片真叶	2~3个月	长日照	中	暖和	摘心2~3次

注意事项	开花条件	最小盆（cm）	盆栽密度
能耐半阴	—	25	1盆1株

15天
30天
40天
50天
65天
120天

鼠尾草

Salvia officinalis 唇形科鼠尾草属

一直没种鼠尾草，也没想着种，后来从花友那里拿了两棵红鼠尾草，被其顽强的生命力折服了，后来又要了几颗粉鼠尾种子。最开始都懒得换盆，就是右页第一张小图里的那种小盆种着两棵，这样养了2个月后竟然开花了。换了大盆，结果猛长，开了好多花，虽然花很小，但在我几乎没怎么管理的情况下能长成这样，的确不容易。

评价：点缀花园的好选择，生性强健，开花不断，对日照要求不高。但花比较小。

特征	发芽适温（℃）	发芽时间（天）	生长适温（℃）	高度（cm）	开花所需时间	播种光照	是否覆土
多年生	20~25	5~15	15~30	20~40	80~90天	需光	不覆土

何时移植	整体花期	开花日照	光照强度	习性	修整
4~5片真叶	5~8个月	短日照	中	暖和	10cm高或6片真叶时摘心一次，之后可再摘心1~3次

注意事项	开花条件	最小盆（cm）	盆栽密度
—	—	10~14	1盆1株

有花苞了

粉色的娇嫩欲滴

红鼠尾草

洋凤仙

（玻璃翠、非洲凤仙）

Impatiens walleriana 凤仙花科凤仙花属

这是很普通的花，绿化、花市到处都有，便宜，也是我比较早接触到的一种花，当时买回不少，结果夏天晒趴了一片。后来才知道秋天过后才是洋凤仙的旺季，看到花友那一大盆壮观的星条品种，便有了自己种一次的想法。播过重瓣凤仙（其实也就是个半重瓣，和真正的重瓣比起来还是有差距）、星条。天气暖和的时候长得要快很多。

评价：容易种植、扦插、成盆成球，花色丰富，需光性较低；花期长，虫害少，适合日常装点家居和庭院。重瓣品种别有一番风味。

特征	发芽适温（℃）	发芽时间（天）	生长适温（℃）	高度（cm）	开花所需时间	播种光照	是否覆土
一年生	20~25	7~10	17~30	10	10~13周	需光	不覆土

何时移植	整体花期	开花日照	光照强度	习性	修整
3~4片真叶	南方常年开花，北方约4~6个月	中日照	中低	暖和	10cm高时摘心一次

注意事项	开花条件	最小盆（cm）	盆栽密度
怕低温 保持相对的湿润，特别是苗期	—	10	1盆1株

15天

30天

40天

50天

花友答疑

洋凤仙花色太漂亮了！但据说怕热，是这样么？

和大多数花比起来，还算是耐热的了。主要是一晒叶子就塌下去了，花苞也容易掉。放在散射光处长得挺好。

我想种洋凤仙，是在北边平台的花池里地栽（全日照的散射光，花池里有些树），还是在南边阳台盆栽呢？

冬天在南阳台，夏天在北阳台。夏天不要整天晒太阳，注意不要积水烂掉，花还是挺好养的，冬天冷的时候状态不太好，但比较耐阴。

中国凤仙

（指甲花）

Impatiens balsamina 凤仙花科凤仙花属

因妻子想种种小时候常见的凤仙花，便买了这个种子。买的这种是重瓣的，而非她小时候那种单瓣的指甲花了。国庆期间便撒了种子下去，没想到发芽快，开花也快，一个半月就开花了。不过这个重瓣的品种一般般，花开多了也没什么新意。如果大家要种的话，可以选些特别的品种。

评价：容易种植，适合新手锻炼，但花朵太普通，容易视觉疲劳。

特征	发芽适温（℃）	发芽时间（天）	生长适温（℃）	高度（cm）	开花所需时间	播种光照	是否覆土
一年生	20~30	5~6	15~32	30~80	7~11周	需光	覆土0.3cm

何时移植	整体花期	开花日照	光照强度	习性	修整
3~4片真叶	2个月	长日照	中	暖和	10cm高时摘心

注意事项	开花条件	最小盆（cm）	盆栽密度
—	—	12	1盆1株

15天

25天
已经隐约看到花苞了

45天
开了不少了

长春花

（日日春）

Catharanthus roseus 夹竹桃科长春花属

长春花是我的一个痛处，大前年、前年都没种好。发芽很容易，生长很容易，开花很早，就是进口品种在广东很不耐病，一下子枯掉。种了好多次都是这样，刚开花或者即将开花就死掉了。几个花友也是这样，反正我是放弃了，国产的长春花（花友常叫它"土春"）倒是很耐病，进口品种不行啊。

评价：颜色丰富，耐热，容易种植，但不太适合广东，北方花友应该能种出很好的效果。

特征	发芽适温（℃）	发芽时间（天）	生长适温（℃）	高度（cm）	开花所需时间	播种光照	是否覆土
多年生	24~26	7~15	15~35	20~25	10~14周	嫌光	覆土0.5cm

何时移植	整体花期	开花日照	光照强度	习性	修整
3~4片真叶	5~7个月	中日照	强	暖和	长出3~4对真叶时第一次摘心；第二次新枝留1~2对真叶摘心

注意事项	开花条件	最小盆（cm）	盆栽密度
进口品种在南方非常容易得病	—	12	1盆1株

花友答疑

长春花（垂吊和直立的都有）好像不怕热，我打算让它们入住到南阳台来，可以吗？

长春花耐热，但进口品种容易得病，立枯。我这边好几个花友都是这样了，最后完全放弃了。只有本土的还行，就是我们在绿化带看到的那种，不好看。之前一个花友说过一句话很正确，不适合夏季的花，在夏季都是体验极限，活得很不好，稍有不慎就生病了。

百日草

Zinnia elegans 菊科百日草属

夏天，南方可种的草花不多，因为很少有草花能耐得住高温多雨的天气，所以第一年也就播了百日草，它不怕热。后来阳台爆发白粉虱，百日草成了牺牲品，而且也没躲过烂根的命运。第二年重新来过，开得还可以。百日草有很多品种，花色花型都不尽相同，露台或地植的效果都不错。

评价：要摘心，不然花量不够。容易吸引白粉虱，但耐热，花色花型比较丰富，夏天种植还可以。

特征	发芽适温（℃）	发芽时间（天）	生长适温（℃）	高度（cm）	开花所需时间	播种光照	是否覆土
一年生	22~24	4~8	15~30	10~12	8~12周	嫌光	覆土

何时移植	整体花期	开花日照	光照强度	习性	修整
4~5片真叶	3~6个月	短日照	中	暖和	10cm高时摘心

注意事项	开花条件	最小盆（cm）	盆栽密度
耐热，如光线弱，花少且小，对盐度敏感	相对短日照，但实际不影响开花	13	1盆1株

大花重瓣品种

翠菊

Callistephus chinensis 菊科翠菊属

翠菊是很早前就想种的，当时很喜欢菊花，2009年种了，但不理想，还没开花就在春天仙去了。当时是灰霉病，南方高温潮湿、不通风，简直到处发霉。2011年再次秋播，翠菊还是比较容易生长的，但也比较吸引白粉虱、红蜘蛛，白粉虱一多，灰霉病就会接踵而来。用了进口的药，白粉虱控制住了没有爆发，生长还不错。翠菊长日照开花，最好不要太早秋播，不然就像我种的这样，早早就分化花芽开花，花朵都不够大且不多。要不就是通过打顶来延迟开花，等到春天再开花才好。

评价：生长快，品种也多。长日照下开花很早，但根系浅，水多水少都会有损伤，喜欢菊花类的花友可以种种。

特征	发芽适温（℃）	发芽时间（天）	生长适温（℃）	高度（cm）	开花所需时间	播种光照	是否覆土
一年生	15~23	5~8	15~25	15~30	10~12周	不敏感	覆土0.3cm

何时移植	整体花期	开花日照	光照强度	习性	修整
2~3片真叶	1~2个月	长日照	中	暖和	可定植后摘心一次

注意事项	开花条件	最小盆（cm）	盆栽密度
浅根系，不耐涝，但要保持湿润；不能连作，控制酸度和氮肥	长日照开花	10	1盆1株

7天
30天
70天
85天

天人菊

（虎皮菊）

Gaillardia pulchella 菊科天人菊属

也是挺常见的花，在种花初期，我常在花鸟市场看到。买了大花的品种来试试，也是为了补充夏天的花草。挺好养的，也没什么虫害，不过大花品种的通病就是花量不够大，还不如小花品种好看，稀稀拉拉的几朵，导致后来我都没心情给它拍照了。

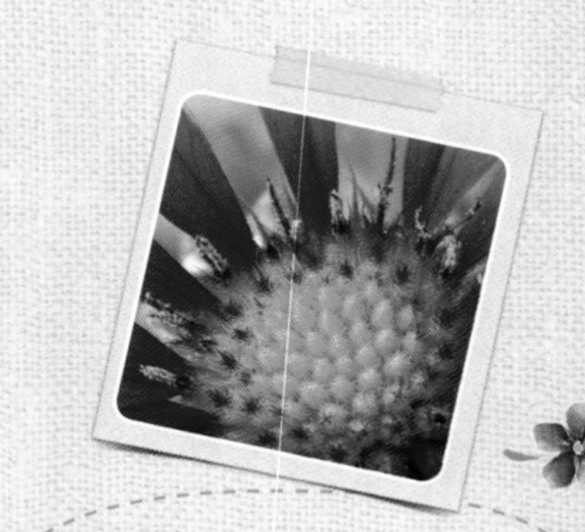

评价：好养的花，虫害少，耐高温。大花品种花径有5厘米，就是太单调了，规模不够。

特征	发芽适温（℃）	发芽时间（天）	生长适温（℃）	高度（cm）	开花所需时间	播种光照	是否覆土
一年生	18~25	7~14	15~30	30~50	9~12周	需光	不覆土

何时移植	整体花期	开花日照	光照强度	习性	修整
3~4片真叶	4~6个月	长日照	中强	暖和	不需要

注意事项	开花条件	最小盆（cm）	盆栽密度
—	—	10	1盆1株

7天

30天

70天

115天

165天

非洲菊
（扶郎花）

Gerbera jamesonii 菊科大丁草属

非洲菊是很常见的切花，虽然种过，但一直没播种过。为了弥补缺憾，去年买了种子春播。种子不便宜，其实还真是买成株更方便。非洲菊比较适合南方，主要是能耐一定的高温，开花时间也长。冬天低温就不生长了，夏天高温花朵也畸形，不过能度过南方的夏季已经很不错了。花大，单花 8cm 以上，能开几周，颜色也丰富，就是在阳台种容易惹白粉虱。

评价：在南方开花不断。花大，单花期长，能度夏，病虫害不多，但易得白粉虱，怕冷。入门的花友可以试试。

特征	发芽适温（℃）	发芽时间（天）	生长适温（℃）	高度（cm）	开花所需时间	播种光照	是否覆土
多年生	20~25	5~7	15~30	25~45	14~18周	嫌光	覆土

何时移植	整体花期	开花日照	光照强度	习性	修整
4~5片真叶	5~7个月	中日照	中	暖和	2年分株移栽一次（花后）

注意事项	开花条件	最小盆（cm）	盆栽密度
在阳台种易得白粉虱，播种忌阳光晒，浇水不要沾到叶片	夜温影响花芽分化，温度太高不分化	15	1盆1株

15天
40天
70天
140天

黑心菊
（黑心金光菊、黑眼菊）

Rudbeckia hirta 菊科金光菊属

说实在的，到现在也没能明白我当初为什么买黑心菊，但就这样在淘宝上买了。黑心菊野性十足，非常粗放，很喜欢太阳。从开始到结束，我都没怎么花过心思就开花了，而且不断地开。就是花型不好，虽然很大，但花瓣不整齐。不过单花能开很久，一个多月都没问题，所以能见到好几朵花一起开放，远看一簇黄色还是有点色彩的。矮生品种适合盆栽，普通品种更适合花坛片植。黑心菊和金光菊是同一类，花型有些区别而已。容易受红蜘蛛的侵害。

评价：非常容易生长，不怕高温、太阳晒，在南方开花不断。

特征	发芽适温（℃）	发芽时间（天）	生长适温（℃）	高度（cm）	开花所需时间	播种光照	是否覆土
多年生	21~24	5~21	10~30	20~30	11周	不敏感	稍覆土

何时移植	单花花期	开花日照	光照强度	习性	修整
4~5片真叶	1个多月	长日照	强	暖和	摘心一次，保留4~5个壮枝，2~3年分株1次

注意事项	开花条件	最小盆（cm）	盆栽密度
喜欢暖和，冷天生长慢；矮生品种不需摘心、不用矮壮素	—	16	1盆1株

盛开了

匍匐蛇目菊

（蛇眼菊）

Sanvitalia procumbens 菊科蛇目菊属

最早知道“蛇目菊”是查资料时，原来被很多人称为“蛇目菊”的花其实是金鸡菊属的一种，就是金鸡菊。而我介绍的这个才是真正的蛇目菊，也被称为“匍匐蛇目菊”，并以此与前者区分。匍匐蛇目菊名副其实，的确是趴着长的。

好发芽，也容易生长，但徒长得厉害，从小苗开始就是纤长的。不过开花快，不到两个月就开花了，最厉害的是单花时间非常长！拍照的时候已经开一个月了，还在继续开，像干花一样。正因单花时间长，更能呈现星星点点的效果。比较野性，容易活。缺点就是其匍匐性了，很趋光。露台、地植的效果会好些，盆栽多种几棵，效果也不错。

评价：单花时间长，早花，容易栽培。花小但多，喜欢菊花类的花友可以尝试下。

特征	发芽适温（℃）	发芽时间（天）	生长适温（℃）	高度（cm）	开花所需时间	播种光照	是否覆土
一年生	20~25	7	15~30	25	9周	不敏感	稍覆土

何时移植	整体花期	开花日照	光照强度	习性	修整
3~4片真叶	3~4个月	长日照	强	暖和	不需要

注意事项	开花条件	最小盆（cm）	盆栽密度
匍匐生长，丛植效果好	—	6	12cm盆3株

20天
30天
50天
65天

茼蒿菊

Chrysanthemum frutescens 菊科茼蒿属

买种子时，本来想买黄色“玛格丽特”（简称“黄玛”），满怀期望种植，结果发现是个冒牌的。虽然玛格丽特也叫茼蒿菊，但并不是真正的茼蒿。而我买的这个是真正的茼蒿菊，是从茼蒿中培育出的开花品种，国产的。按理说是可以吃的。开花后感觉还不错，喜欢这种花型和黄色。感觉需要低温春化才能开花，种了4个多月，好漫长啊！

评价：花型好看，颜色鲜明。单花期较长，但整体花期不长，1个月左右就没花了。适合整片种植，因为比较高，适合园林。盆栽要早打顶。

特征	发芽适温（℃）	发芽时间（天）	生长适温（℃）	高度（cm）	开花所需时间	播种光照	是否覆土
多年生	15~24	14	15~28	30~100	12~14周	需光	稍覆土

何时移植	整体花期	开花日照	光照强度	习性	修整
2~3片真叶	1个月	长日照	中强	冷凉	定植后摘心2~3次（10~15片真叶时第一次摘心促分枝），夏季剪掉上部枝叶

注意事项	开花条件	最小盆（cm）	盆栽密度
春化才开花	—	12	1盆1株

10天 小苗

20天 小苗

55天 生长还是很迅速的

120天 出现花苞了

130天

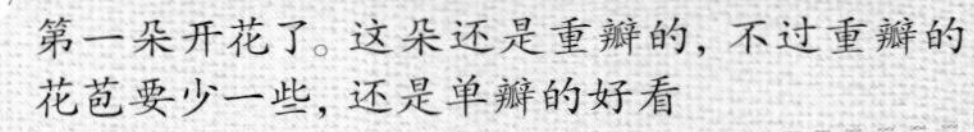
第一朵开花了。这朵还是重瓣的，不过重瓣的花苞要少一些，还是单瓣的好看

玛格丽特

（粉玛）

被称为“玛格丽特”的花非常多，也混乱，茼蒿属的算是比较有代表性的。买了玛格丽特的扦插苗，开始没怎么长，也没开花，但竟然度夏了。到了秋天生长明显旺盛很多，重瓣的，而且花量不小，最让我佩服的是从 10 月底一直开到次年 6 月。真是勤奋的“劳模”啊！开花旺季在入秋后和春初。后来又种了单瓣的粉玛，没有重瓣的强健。

养护要点可参考茼蒿菊，粉玛更耐热，打顶修剪株型会更好，不打也能开得很好。图片是扦插苗的生长过程，基本都是靠扦插繁殖。

评价：种植容易，抗性强，在南方能度夏，花量大，花期长，虫害较少（偶有红蜘蛛）。推荐！

0天

25天

苗期天数为扦插苗生长时间

50天

60天

75天

万寿菊

Tagetes erecta 菊科万寿菊属

当时是第一次种花，买种子时送了万寿菊种子，就糊里糊涂地播种了。非常好种，短日照的话开花更早。花型特别圆的品种挺好看的，单花至少开 1 个月以上。

30天

45天

55天

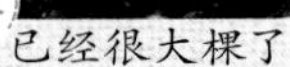

已经很大棵了

被我打顶了

75天

最后被剪了下来，插花，还是不错的。这个圆形的品种比较好看。右图中间那朵花已经开了一个多月了。

评价：非常好种的入门花草，适合新手拿来锻炼。

特征	发芽适温（℃）	发芽时间（天）	生长适温（℃）	高度（cm）	开花所需时间	播种光照	是否覆土
多年生	18~24	4~5	10~30	30~90	60	不敏感	覆土

何时移植	单花花期	开花日照	光照强度	习性	修整
2~3片真叶	1个月以上	短日照	强	暖和	20cm摘心，适当修剪防止过高

注意事项	开花条件	最小盆（cm）	盆栽密度
—	—	10~12	1盆1株

小米菊

（小白菊）

Galinsoga Parviflora 菊科菊蒿属

秋季团购后即播，本以为初春就开花了，结果好久都没开，一直装草，入夏后才开花。从照片看不知是完全开了还是畸形，花很小，也不多，可能几棵一起开才好看吧。我是 3 棵种到一起的，其中一棵先开，3 个月后第二棵才开。虫害病害少，耐雨耐热都不错，挺皮实的，就是花不太起眼。需要长到一定高度（10 厘米以上）才开花。

评价：容易种植，但苗期长，花小，美观度一般。花朵耐雨，开放时间长。

特征	发芽适温（℃）	发芽时间（天）	生长适温（℃）	高度（cm）	开花所需时间	播种光照	是否覆土
二年生	20~25	7~10	10~25	15~25	14~16周	不敏感	稍覆土

何时移植	整体花期	开花日照	光照强度	习性	修整
3~4片真叶	1~2个月	长日照	中强	暖和	不需要

注意事项	开花条件	最小盆（cm）	盆栽密度
耐热，耐水，容易种	需要长到一定高度（10cm以上）	12	1盆1株

花苞

堆心菊

Helenium autumnale 菊科堆心菊属

堆心菊是一个尝试，冬天买的种子，过年播的。这是最冷的时候，也发芽了，就是长得慢，7月又经历了移苗，拔出来从老家（也是广东省）带到广州，都活了。生长比较野性，也耐热，当时从老家带了很多花，大部分都死掉了，就它还在长。9月终于看到花苞了，好漫长！整整7个月，是成功开花的草花中生长时间最长的。花漂亮。单花能开一周，盛开时一大束，如果地植一片，效果非常不错。秆高，盆栽容易倒伏，而且显得单薄。

评价：生性强健，根系好，易栽培，花瓣整齐。多年生宿根，地植的效果很不错，有花园的花友可尝试种一片。容易惹红蜘蛛。

特征	发芽适温（℃）	发芽时间（天）	生长适温（℃）	高度（cm）	开花所需时间	播种光照	是否覆土
多年生	18~22	10~15	15~30	60	14~20周	需光	不覆土

何时移植	单花花期	开花日照	光照强度	习性	修整
3~4片真叶	1周	长日照	中强	暖和	可在抽薹后打顶，促进开花数量

注意事项	开花条件	最小盆（cm）	盆栽密度
宿根，花后剪掉主枝会有很多侧芽	—	10~15	1盆1株

20天
40天
70天
120天

向日葵

Helianthus annuus 菊科向日葵属

第一次种向日葵很有意思。当时买了些向日葵仁，原本是用来烤蛋糕的，突发奇想将瓜子仁播了几颗到土里，竟然长出来了，还开了花，不过花很小。向日葵不耐开，又占地方，后来就一直没种。

去年春播时看到有种子，就顺便再播一棵吧。品种是“芭奇多”，名字非常拗口。开花和想象差距甚大，买的是绛红色的，实际只是中间一圈绛红而已，在阳台养的，花朵不够大，只开了一个星期不到就败了。后面在菜地里又种了一次，效果好很多。光照足，花盘明显大了不少。

评价：生长迅速，开花快，但单花期短。更适合庭院，阳台种花盘相对较小，而且非常容易招白粉虱，不推荐阳台种。如果条件所限只能阳台，推荐重瓣品种“玩具熊”，一是矮，二是单花期长。

特征	发芽适温（℃）	发芽时间（天）	生长适温（℃）	高度（cm）	开花所需时间	播种光照	是否覆土
一年生	18~30	5~7	15~35	20~30	50~80天	不敏感	覆土1cm

何时移植	单花花期	开花日照	光照强度	习性	修整
4~6片真叶	5~10天	短日照	强	暖和	盆栽不需摘心

注意事项	开花条件	最小盆（cm）	盆栽密度
先长日照，后短日照促开花，氮肥不能多	—	10~15	1盆1株

花苞

硫华菊
（硫化菊）

Cosmos sulphureus 菊科秋英属

花市很容易买到的一种花，波斯菊的近亲。买过盆花，这次买来播种仅仅为了夏天开花。结果管理也不到位，红蜘蛛非常严重，全部花白花白的叶子。不过在光照不错的情况下，花开得不少，还算好看。

评价：生长开花快，耐雨，初夏开花，花量也不小，就是和波斯菊一样，容易惹红蜘蛛。

特征	发芽适温（℃）	发芽时间（天）	生长适温（℃）	高度（cm）	开花所需时间	播种光照	是否覆土
一年生	20~25	3~6	15~28	20~30	8~12周	不敏感	覆土

何时移植	整体花期	开花日照	光照强度	习性	修整
2~3片真叶	3~5个月	中日照	中强	暖和	4~5片真叶时摘心1次

注意事项	开花条件	最小盆（cm）	盆栽特点
容易种植，重点防治红蜘蛛	—	10	1盆1株

15天
35天
65天

西洋滨菊

Chrysanthemun leucanthemum 菊科茼蒿属

看网站上介绍是得奖品种，便想种种试试。生长还算容易，习性粗放，花是很传统的菊花型。这个品种的花大，最大的直径有5~6cm，单朵花花期很长，能开半个月以上。比较耐雨，不过花后就不耐雨了，枯萎的花朵遇雨会发霉。有些淘宝店拿这个滨菊当作玛格丽特来卖，其实它不是正宗的玛格丽特。花型虽类似，但植株完全不一样，花比玛格丽特大，花量不如玛格丽特多。已近6月底还在开放，比较耐热。

评价：容易种植，耐雨、耐热、粗放，上手容易。花大，单花期长。

特征	发芽适温（℃）	发芽时间（天）	生长适温（℃）	高度（cm）	开花所需时间	播种光照	是否覆土
多年生	15~18	7~10	15~30	30~90	14~18周	不敏感	稍覆土

何时移植	单花花期	开花日照	光照强度	习性	修整
3~4片真叶	半个月以上	长日照	中强	暖和	不需要

注意事项	开花条件	最小盆（cm）	盆栽特点
耐热 温度高容易徒长	—	15	每盆3株

7天
20天
40天
80天
115天
140天
180天

松果菊

Echinacea purpurea 菊科松果菊属

松果菊，是我参加虹越种植试验的品种，结果生长惨淡。2009 年秋天到 2010 年春天，几乎看不到太多生长，一直都是一两片叶子，小小的。到夏天终于长大了，但没开花，入秋后叶子又是小小的了。不过能看出宿根大了，果不其然，春天一发芽就准备抽薹开花了。松果菊开花一是看宿根的成熟度，二是要春化。不过过程也够慢的，从 2009 年秋到 2011 年春天，历时近两年。

话说回来，慢归慢，管理还是比较粗放的，夏天表现很好。虫害遇到过白粉虱，不过用阿立卡控制，整个阳台都没再出现了。后来就没出现什么病害，倒是因为长期的涝害，烂了一棵。花大大的，单花时间很长，1 个月没问题。

评价：喜热，要早播才有可能次年春天开花，不然就要经历漫长的等待。花大，8~10cm，花也耐雨淋，单花1个月没问题。白粉虱有影响。多年生宿根，如果有花园，推荐地植一片。

特征	发芽适温（℃）	发芽时间（天）	生长适温（℃）	高度（cm）	开花所需时间	播种光照	是否覆土
多年生	15~25	7~10	15~30	60~100	16~20周	嫌光	覆土

何时移植	单花花期	开花日照	光照强度	习性	修整
3~4片真叶	1个月	长日照	中	暖和	不需要

注意事项	开花条件	最小盆（cm）	盆栽特点
冬季基本休眠不生长	部分需要春化	12	1盆1株

终见花苞

勋章菊

Gazania rigens 菊科勋章菊属

勋章菊播种到开花时间很短，一个半月就看到花苞了，叶子还没两片就要开花。花朵大，非常艳丽，而且会一朵接一朵开个不停。单花期不长，只有 5 天左右，且只在太阳下开放，下午 3~4 点后就合上了。好养，没什么虫害，耐旱。

评价：好养，好看，开花也快。就是只在白天开放，上班族平时会经常看不到花。

特征	发芽适温（℃）	发芽时间（天）	生长适温（℃）	高度（cm）	开花所需时间	播种光照	是否覆土
一二年生	15~22	3~5	10~25	15~20	60~105天	不敏感	稍覆土

何时移植	单花花期	开花日照	光照强度	习性	修整
3~4片真叶	5天	长日照	中	暖和	不需要

注意事项	开花条件	最小盆（cm）	盆栽特点
2年以上老株弱势，最好重新种	植株的成熟度和较好的温度决定开花与否，光照强度可以提高花蕾数量	8~12	1盆1株

准备出花苞

开花了

花友答疑

我去年种了勋章菊，开花很晚，是不是在北方的原因呢？

应该是的。勋章菊开花需要较高的温度。去年我所在的广州最冷的一个月（15℃以下）都没怎么开花。

我播种的勋章菊一直没出芽，听说播种是要脱毛的，不知道对不对，是不是一定要去毛才能出芽？

不是，现在的种子基本都是脱毛的，我们看到的种子已经去掉了那层像蒲公英那样飘着的毛了。不过，其实脱不脱毛关系根本不大，自然状态下也是没脱的。勋章菊挺好发芽的，只是它肉肉的种子容易得病菌腐烂而已。

桔梗

Platycodon grandiflorus 桔梗科桔梗属

桔梗在东北很常见,属野花一类的,日常食用其根。我种它并不是为了吃，而是喜欢那小气球一样的花。个人觉得花苞状态的桔梗更好看，花打开后就太普通了。好像国外已经有花不完全打开的桔梗品种，名为气球花。比较好种，不过盆栽不太好看。看到北方的朋友地植的效果不错,多年之后长成一片的效果很好。

评价：好种，但单花不够好看，矮化、密花的品种才适合盆栽。普通品种，地植、片栽才能出效果。

特征	发芽适温（℃）	发芽时间（天）	生长适温（℃）	高度（cm）	开花所需时间	播种光照	是否覆土
多年生	15~20	3~4	15~25	40~60	10~12周	需光	不覆土

何时移植	整体花期	开花日照	光照强度	习性	修整
5对真叶	2~3个月	中日照	中	暖和	生长期摘心

注意事项	开花条件	最小盆（cm）	盆栽特点
宜直播，花前施磷钾肥	长日照开花	15	1盆1~2株

出芽率很高

已经有花苞快开了，这时候更好看

开了快 1 个月，虽然还在开花，但稀稀拉拉的，就决定扔掉了，扔之前挖出了根，小人参状了

花友点评

（1）在嫩芽的时候多摘心，可以很好地控制高度，长得密集，观赏性更好。

（2）桔梗，很好吃的。

风铃草

（美特拉）

Campanula ramosissima'METEORA' 桔梗科风铃草属

叫风铃草的花非常多，基本都是桔梗科的。看到花友那盆花量不小而且小巧的风铃草，便打算秋播自己种一盆，而且是密植看看效果。但没种好，发芽少，而且苗期比较漫长，还好开花了，不过在 4 月高温提前到来时，它花期的尾声也提前到来了，还没开几天。

评价：密植+多次打顶，可以出现花球满盆的效果，应该会不错。花比桔梗的小，但花量更大。不错的花，但同样不耐高温潮湿，苗期长而且比较弱。

特征	发芽适温（℃）	发芽时间（天）	生长适温（℃）	高度（cm）	开花所需时间	播种光照	是否覆土
一年生	15~20	3~4	15~25	40~60	14~16周	需光	不覆土

何时移植	整体花期	开花日照	光照强度	习性	修整
5对真叶	1~2个月	中日照	中	冷凉	生长期摘心

注意事项	开花条件	最小盆（cm）	盆栽特点
—	春化	15	1盆3株

10天
30天
50天
75天
100天
125天

海豚花

Streptocarpella saxorum 苦苣苔科堇兰属

也是来自花友的扦插苗，刚来时非常不起眼，开的花小小的，而且稀稀拉拉。不过这主要是受我家环境的影响，因为没有直射光，而且在众多花中甚至有些被冷落了。但经过了一个夏天，我对它认识有了彻底的改变。真是超级懒人花呀！经常十天半个月忘了浇水，干得蔫蔫的了，浇水后又恢复了，肥也没给，一大棵蜗居在一个小挂盆里，土非常少。就这样也不长虫，没打理就过了夏天，给点肥很快就转绿了，到了秋季开花逐渐多了。比前两年的花明显大多了。如果有较好的光线，真的可以开成球。

缺点也是有的，开花的季节太短，单花时间也短。之前还种过一个长条盆，结果雨水多，给淋死了。这个花没有苗期图了，都是扦插的，很好繁殖。

评价：不长虫，很少浇水，很少施肥，不错的蓝紫色花朵。这样的花有什么理由不种呢？

特征	发芽适温（℃）	发芽时间（天）	生长适温（℃）	高度（cm）	开花所需时间	播种光照	是否覆土
多年生	—	—	15~30	15~45	—	需光	不覆土

何时移植	整体花期	开花日照	光照强度	习性	修整
—	3~4个月	短日照	中	暖和	摘心

注意事项	开花条件	最小盆（cm）	盆栽特点
秋季开花旺盛；耐旱，要控制浇水	—	15	1盆1株

洋桔梗

Eustoma russellianum 龙胆科洋桔梗属

洋桔梗是著名的切花，可种起来不太容易。生长太缓慢了，温度高了、低了都容易僵苗或簇生，导致不能正常生长开花。去年播了几颗种子，发芽的就只有3棵，最后开花的只剩2棵。中间由于变化不大，不知不觉间都忘了记录，后面长得相对快些，抽薹没多久，还小小的就开花了。后来又种了一次，这次有经验了，秋播开花比较大，也比较多，同时种得密集容易出效果，如果不移苗，苗期比以前慢，移苗后明显快很多。

评价：生长、发芽都比较缓慢，苗期要求较高，高温低温都容易导致僵苗和簇生不抽薹。花朵比较有型，而且单株占土不多，小盆多种几盆效果会不错。喜欢强光，光线越强、光照时间越长，花越好。

特征	发芽适温（℃）	发芽时间（天）	生长适温（℃）	高度（cm）	开花所需时间	播种光照	是否覆土
多年生	20~25	15~20	15~25	40~60	120天	需光	不覆土

何时移植	整体花期	开花日照	光照强度	习性	修整
4~5片真叶	1个月	长日照	中	暖和	离底部叶3~4节处摘心

注意事项	开花条件	最小盆（cm）	盆栽特点
南方适合秋播，春播容易簇生，导致当年不开花。25℃以上会簇生	较高的光照强度及长日照决定开花	8~10	1盆1株

14天
45天
85天
145天
215天
245天

大花马齿苋

（太阳花、松针牡丹、半枝莲）

Portulaca grandiflora 马齿苋科马齿苋属

小时候常吃的一种野菜就是瓜子叶的马齿苋，针叶的是种花后才见到的。市场上基本都是小花、单瓣的多，一直没太关注。后来看到花友种的马齿苋很漂亮，就想播种了。本来没抱多大期望，却给了我当年秋播最大的意外。光照足够的话，开花很多很密。没什么虫害，非常好种。南方过冬会休眠，但不会有问题。

种的是重瓣的，像个小玫瑰。花虽然不大，只有2cm多，单花也就几天，但胜在花多，花开不断，在低温到来前开个不停。天气冷了就不长了，叶子都掉光且有的花苞也不打开。非常适合夏天种，天气暖和很快就见花。有个小小的缺点，残花清理不方便。

评价：容易种植，品种颜色多。花期长，整个春末至秋末都开花。没什么病虫害，也耐旱，选好品种，是非常值得的夏季草花。

特征	发芽适温（℃）	发芽时间（天）	生长适温（℃）	高度（cm）	开花所需时间	播种光照	是否覆土
多年生	22~30	2~5	15~35	10~15	6~8周	需光	不覆土

何时移植	整体花期	开花日照	光照强度	习性	修整
4片真叶	4~6个月	长日照	强	暖和	生长期摘心

注意事项	开花条件	最小盆（cm）	盆栽特点
低温不开花 耐热、耐旱、怕寒	—	8	12cm盆5株

14天
30天
45天

美女樱

Verbena hybrida 马鞭草科马鞭草属

美女樱在以前就种过，和猴面花一样春播，结果一样的惨淡，一直半死不活的。一是因为白粉虱的骚扰，二是一直阴雨天，光线严重不足。后来改在夏末播种，35℃高温下播的美女樱效果出奇的好，2~3天发芽，60天就开花了。3棵同盆（28cm的盆），不到3个月就开成花球。不过惹白粉虱这个毛病依然存在，每周打药比较麻烦，稍不控制就白粉虱成片。

评价：比较常见也是比较好种的花，扦插也非常容易成活。开花一个小球一个小球的，光照好容易满盆。不过白粉虱非常喜欢它，通风不好的阳台要小心些。

特征	发芽适温（℃）	发芽时间（天）	生长适温（℃）	高度（cm）	开花所需时间	播种光照	是否覆土
多年生	20~22	5~20	10~28	15~20	13~15周	嫌光	覆土

何时移植	整体花期	开花日照	光照强度	习性	修整
5~6片真叶	4~6个月	长日照	中强	暖和	4~6真叶摘心

注意事项	开花条件	最小盆（cm）	盆栽特点
天气暖和出芽率高，控制氮肥	—	10~14	1盆1株

25天

60天

花友答疑

美女樱的种子一定要在冰箱冷藏才发芽吗?
不是，关键是发芽温度不能太低。

图中开花的是一棵的效果吗?
3棵。

我4月播的美女樱，低温催芽不出，埋土里盖上蛭石还是不出，怎么会这样?
我试过20多度播种，发芽率都不高。但30多度播种，种子新鲜的话，2天就发芽了。你还低温催芽，当然不行了。

天竺葵

Pelargonium hortorum 牻牛儿苗科天竺葵属

直立天竺葵是传统花草，很多养花人家里都有，还是红色的。因为自己没种过就想试试，结果发现在广州很难度夏，基本都是烂根而亡。我这棵也是才开花没多久就仙去了。现在不打算种直立天竺葵了，一是不适合我所在的环境，二是味道的确大了些。优点是没什么虫害。

评价：没什么虫害，生长比较容易，耐半阴，但不耐高温高湿气候。花色很多，历史比较悠久。

特征	发芽适温（℃）	发芽时间（天）	生长适温（℃）	高度（cm）	开花所需时间	播种光照	是否覆土
多年生	20~25	5~18	10~25	40	12~16周	需光	覆薄土

何时定植	整体花期	开花日照	光照强度	习性	修整
株高2~3cm	2~3个月	长日照	中	暖和	12~15cm摘心

注意事项	开花条件	最小盆（cm）	盆栽特点
不耐高温高湿天气	光照和温度决定开花	10~15	1盆1株

25天

35天

55天

80天

花友答疑

播种的天竺葵全出苗了，但气温高，叶子变白色了。要等天凉才会好么？

天竺葵是这样的。白天搬到窗户旁，吹吹空调，一个星期就能绿回去。不过不吹空调能挺过去的话，过些日子就好了。

藤本天竺葵

（盾叶天）

Pelargonium peltatum 牻牛儿苗科天竺葵属

发现花友种的盾叶天开得好惊艳，“中毒”了。正赶上有分享，就弄了些种子冬播起来。虽然知道没有花友那样好的气候条件，但还是想尝试。冬天，盾叶天长得非常缓慢，到3月有花苞逐渐开放了，五一有一周多的无雨日子，开得还稍微入目一些。

养护方法可参考天竺葵

评价：蔓性特点，不断开花，有点耐热。北方的花友可以尝试，这种天竺葵在欧洲也是大面积种植，开成一片的大花球，绝对是夺目的。

花友答疑

蔓性是不是就是垂吊的？我想三月买小苗。

是的。蔓性就是垂吊了。3月的小苗，4~5月估计都能看到花了。不过那时的花不多，要秋天才旺盛。

15天

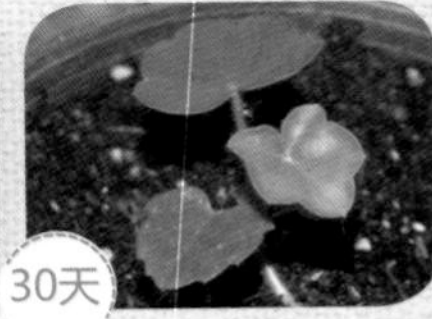

30天

40天

50天

60天

65天

天使之眼
（枫叶天、大花天竺葵）

Pelargonium peltatum 牻牛儿苗科天竺葵属

这是早就听说的品种了，以前成株团购时花友就很狂热。由于成株有点贵，我没有参与。冬天刚好有扦插苗的团购，这次参加了，并买到了心仪的苗。这也是一个靠扦插推广的品种,这里就展示扦插苗的成长图。

天使之眼很美，开花也比较密集，不过需要有较好的光线才会壮实和开花密集。应该属于枫叶天一类，算比较耐热的，习性和普通的天竺葵比较接近，夏天要多加看护，放在阴凉处不要多搬动，千万不要积水，不然容易烂掉，夏季几乎是半休眠状态。

苗期天数为扦插苗生长天数

0天 刚缓苗

评价：非常美丽的花朵，虫害比较少，比一般的天竺葵抗病，不过在广州度夏还是容易出问题。即便这样，也值得去拥有一次，你说是不是呢？

40天

60天

75天

100天

南莱

Nolana paradoxa　茄科假茄属

注意，是 lai，不是 cai。我当时都看错了。南莱，应该是音译。肉质叶的牵牛花，尝试播种的原因：一是品种特别；二是看看夏天的表现。播种到开花和矮牵牛类似,比较快。但种过后还是不理想,非常不耐水，花色也没有矮牵牛那么丰富。开了几朵后在一场暴雨中仙去。

评价：蓝色花朵，耐旱，虫害不多，但非常不耐涝，夏天一涝基本烂掉，花色也少了些。

特征	发芽适温（℃）	发芽时间（天）	生长适温（℃）	高度（cm）	开花所需时间	播种光照	是否覆土
一年生	20~22	7~21	18~20	15	10~14	需光	稍覆土

何时移植	整体花期	开花日照	光照强度	习性	修整
3~4片真叶	3~4个月	长日照	中	暖和	分枝要掐尖，促丰满

我的备注	其他事项	开花条件	最小盆（cm）	盆栽特点
耐旱，但很不耐雨涝	—	—	10~15	大盆可种多株

10天
35天
60天

老鹳草

Geranium wilfordii 牻牛儿苗科老鹳草属

第一次认识到老鹳草是在花友的花园里，还是海外的品种，其实国内原生种就有很多。听说它相对耐阴，就种来试试。正因为没太多期望，最后开花也没太多失落。老鹳草和天竺葵是同一科的，习性也比较接近。不过花量没天竺葵多，花不大，开的时间也不长，花期和天竺葵一样，春秋季是高峰期。虫害较少。

评价：比较容易种植，粉色的老鹳草粉嫩可爱，花不大且不多。匍匐生长，可垂吊栽培。

特征	发芽适温（℃）	发芽时间（天）	生长适温（℃）	高度（cm）	开花所需时间	播种光照	是否覆土
多年生	18~24	7	12~28	25~40	16	嫌光	覆土

何时移植	整体花期	开花日照	光照强度	习性	修整
3~4片真叶	1~2个月	长日照	中	暖和	开始横向长时可修剪促丰满

注意事项	开花条件	最小盆（cm）	盆栽特点
—	需春化	10	1盆1株

15天
35天
50天
70天
90天
115天
140天
165天

矮牵牛

Petunia hybrida 茄科碧冬茄属

矮牵牛，很多花友昵称它“矮牛”。非常适合新手入门种植，生长快，花量大，花色多，很容易种出成就感。

矮牵牛品种很多，拿下面将介绍的“轻浪”和“美声”作一比较：1.“轻浪”更需要强光，“美声”对光的适应性更好些；2.“轻浪”的花朵比“美声”小一点。3.“美声”的生长点是不长高的，所以不修剪都会秃顶，而“轻浪”不会。4.“美声”的蔓性更强，更适合垂吊，冠幅也更大，“轻浪”的枝条硬一些，还是桌面盆栽好些。

轻浪系列

我种的“轻浪白”属于泛美公司轻浪系列的。春天的广州暖和，2个月就开花了。和同期的小花品种比起来，生长快得多，大得多。

评价：适合桌面盆栽，冠幅不大，开花密度高。

特征	发芽适温（℃）	发芽时间（天）	生长适温（℃）	高度（cm）	开花所需时间	播种光照	是否覆土
一二年生	22~24	4~5	10~30	20~60	9~11周	需光	不覆土

何时移植	整体花期	开花日照	光照强度	习性	修整
4~5片真叶	6~9个月，依当地日照和温度而定	长日照	中	暖和	株高10cm摘心

注意事项	开花条件	最小盆（cm）	盆栽特点
足够的光照和适当的打顶是成球关键；施足基肥，后期不需要太多肥，特别要减少氮肥	开花受日照长短、日照强度和温度的共同影响	10~15	1盆1株

长得很快

分枝已经很多了

已经始花了

花友答疑

我第三次播种了矮牵牛，但长出的小苗很纤细，一点也没有你的15天小苗的样子，怎么回事？（前两次也许是陈年种子，没发芽）

我照片中是发芽后15天。这个是放在小阳台，每天只有4~5小时的光照条件下成长的，60cm长条盆，一棵而已。开满了花。

美声系列

“粉红晨光”是垂吊矮牵牛美声系列的一个品种，进口种子贵，一粒好几块钱。但是值得！为什么？因为株型好，分枝好。花很多，有白色、冰淡紫等颜色。而且冠幅不会特别大，不像“朝波”那么疯狂，更适合阳台。花期长，适当修剪几次可以开上一年。即便只有4~5小时的阳光，依然能开成大球。

美声系列分枝性非常好，打不打顶区别不大，最后都能长成球，但打顶可以修补秃顶的缺陷，想开花更密，充足的阳光是必需的。

评价：不错的垂吊品种，适合阳台一族，雨后复花也快，对光线要求相对没那么高，但基本都秃顶。

小花网脉

小花网脉，应该属于小花矮牵牛系列的。2 月 8 号播种，两个月就开花了。植株真是小，和同期的“轻浪白”比起来，小 5~6 倍。3 个多月了还是小小的一盆。初始花量挺大，但后来分枝不足的劣势就出来了。枝条在后期不怎么分枝，花虽然不少，但随着枝条的变长，反倒感觉稀疏。开完一轮花之后修剪一次，之后会开放得更好。可能有人会问，最开始为什么不打顶修剪？因为太小了。枝条离生长点很近，还没准备打顶就开花了。如果能在早期打顶的话，肯定是早期打的效果更好。

评价：花量多，植株小巧紧凑，适合小盆种植。分枝还行，但远远不如垂吊品种，打顶修剪后可以有更好的分枝。个人觉得这个品种的耐阴性比普通矮牵牛要好。

朝波系列

表现超乎想象，生长性没的说，不愧为篱笆型的，一棵都能长好几米的冠幅。我这棵是当时在养植场随意种下的，地下是石头渣，土很少且没有肥。就是这种情况下，没打药，没浇水，没施肥，没除草，依然长得疯狂，春天后更是满满的白色花朵。虽然我这个品种的白色不是很纯正，有些网脉，但规模已经让其他品种失色了。盆栽没这个效果，需要地植。

评价：非常适合地栽的品种，生长非常粗放，让人惊讶的冠幅。

百万小铃

Petunia Calibrachoa 'Million Bells' 茄科碧冬茄属

这个品种很少有种子，多数都是扦插的，种植的人不少。百万小铃其实是小铃的一个品种，花、叶都小，但分枝强，花量极多，基部木质化。不同的品种，其蔓性、花的大小也有所不同。喜欢强光、温暖，阳光不足开花稀少，天冷也不怎么长。夏天直接晒大太阳都没问题。因为分枝好，很容易种成花球。

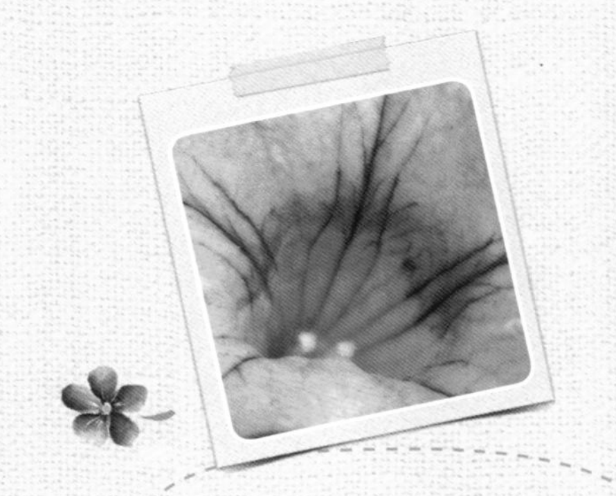

评价：分枝好，花量大，容易扦插，很不错的花。需多打顶促分枝，喜欢晒太阳。

银杯草

Nierembergia caerulea 茄科赛亚麻属

银杯草苗期比较娇气，要多加照顾，后期就好了。耐热，开花时间也长，3 个月了还在开。花不耐雨，一碰到雨就掉了。单花没啥看头，胜在开花的量，叶子小，容易形成规模。

养到第二年，银杯草来了个华丽变身，不仅顺利度夏，还长大并丰满了很多。前一年秋天修剪了几次，第二年春天长成 60cm 的冠幅了，开成好大的一个花球。

评价：根系比较发达，苗期生长慢。花量大，少虫，但花怕雨，比较耐热，耐旱。胜在花多叶子小。值得推荐！

特征	发芽适温（℃）	发芽时间（天）	生长适温（℃）	高度（cm）	开花所需时间	播种光照	是否覆土
多年生	20~24	10	10~30	15	14~18周	不敏感	不覆土

何时移植	整体花期	开花日照	光照强度	习性	修整
6~8片真叶	3个月以上	长日照	中强	暖和	多修剪，促进分枝

注意事项	开花条件	最小盆（cm）	盆栽特点
喜干耐旱	长日照	12	1盆1株

20天
40天
80天
115天
140天

大岩桐

Sinningia speciosa 苦苣苔科大岩桐属

最早了解到大岩桐的播种是从台湾地区的白云大哥在论坛的帖子里，看过他播种几十盆成片的规模，佩服得不得了。因为它生长慢，也不敢去尝试，只在花市买过一盆。慢慢种花草有些经验了，便想播种试试。秋播到第二年开花了，比想象中好养多了，可能是我家北阳台适合这一类花。无直射光，散射光就可以，要通风。

大岩桐耐热，是夏季不可多得的花，不过高温下花朵开放时间会缩短。花期也长，单瓣重瓣都好看。

评价：苗期长，但很好养，土壤不要太湿就可以了，没什么虫害，花朵大、花期也长，可以多年种植。是夏天不错的选择。

特征	发芽适温（℃）	发芽时间（天）	生长适温（℃）	高度（cm）	开花所需时间	播种光照	是否覆土
多年生	20~25	15~21	18~35	15~20	5~7个月	需光	不覆土

何时移植	整体花期	开花日照	光照强度	习性	修整
5~6片真叶	4~6个月	中日照	中低	暖和	不需要

注意事项	开花条件	最小盆（cm）	盆栽特点
耐阴、耐高温； 种植球根的话略深植3~5cm	—	10~12	1盆1株

如果没有十足的把握，球根的顶部一定要在土面之上（即露顶）。

石竹

Dianthus chinensis 石竹科石竹属

石竹也是绿化中常用的花，品种多，不同品种的播种、生长条件也不一样。2008 年播过一次，养了一年都没开花，估计是那个品种没能达到低温春化的标准。后来秋播就挑了一个普通品种，结果开得挺好（春季开放），也很好管理，冬天不怎么开放，夏天怕热。不过就算当一年生的花草也不错。

评价：适合新手，好种，比较容易出效果，光照足能开一片，成片种植效果壮观。虫害有红蜘蛛。照片展示的品种花直径有3cm，算大花品种了。色彩艳丽，怕热。

特征	发芽适温（℃）	发芽时间（天）	生长适温（℃）	高度（cm）	开花所需时间	播种光照	是否覆土
多年生	15~25	5~7	10~25	10~15	12~14周	不敏感	稍覆土

何时移植	整体花期	开花日照	光照强度	习性	修整
4~6片真叶	2~3个月	中日照	中强	冷凉	不需要摘心，但可以通过摘心控制高度

注意事项	开花条件	最小盆（cm）	盆栽特点
好的光照才能开得好	—	8	大盆可种多株

14天

30天

70天

千日红

Gomphrena globosa 苋科千日红属

对，你没看错，就是千日红。我们小时候就能看到的花，在有些地方甚至都成野花了。花友可能奇怪了，为啥这个也播啊？其实我纯粹是想实验耐热的品种，所以就种了。

果然如野草般强健，生长快，耐旱、耐热、耐水。打顶的枝条随手一插，直接放在阳光下，几天下来照样长根。要是花都这么强健就好了。不过我家阳光不如露天的全日照，花不如绿化带的艳丽密集。要种的话，建议种密一点。

评价：超级皮实，虫害病害都少，如果你想找回种花的信心就种这个吧。花朵小，密植才有效果。

特征	发芽适温（℃）	发芽时间（天）	生长适温（℃）	高度（cm）	开花所需时间	播种光照	是否覆土
一年生	18~25	5~8	15~35	15~50	10~14周	不敏感	稍覆土

何时移植	整体花期	开花日照	光照强度	习性	修整
3~4片真叶	4~6个月	长日照	中强	暖和	多次摘心促分枝

注意事项	开花条件	最小盆（cm）	盆栽特点
光照要好，开花才艳丽	长日照	10	1盆1株

15天
35天
65天

100天

茑萝

Ipomoea quamoclit 旋花科番薯属

种茑萝完全是因为母亲。记得当时去一个朋友家，母亲看到对方家里的茑萝，觉得叶子好看，还开着很多小小的五星花，很喜欢。于是，我特意在买苗时向店主要了几颗茑萝种子，春天播下去。献给我的母亲！

评价：常见的花卉，非常容易种植，没有太多虫害，对生长条件也不挑剔，羽叶有一定的观赏性，有地盘的可以种种。光线好就看花，光线不好就只能看叶子了。

特征	发芽适温（℃）	发芽时间（天）	生长适温（℃）	高度（cm）	开花所需时间	播种光照	是否覆土
一年生	25	7~14	15~35	1~3米	8~10周	嫌光	覆土2cm

何时移植	整体花期	开花日照	光照强度	习性	修整
3~4片真叶	3~4个月	长日照	强	暖和	株高15cm摘心

注意事项	开花条件	最小盆（cm）	盆栽特点
及时做支架引导其缠绕 移植带土，免伤主根	—	12	1盆1株

别具一格的叶子

花友答疑

茑萝特招白粉虱，叶子弄得脏脏。我都不敢养了。怎么办？

很多花都招白粉虱的，不过我一直用先正达的阿立卡，到现在都不怎么出现白粉虱了。

旋花科金鱼花

Ipomoea lobata 旋花科番薯属

怎么花名上还写上了科？因为和“金鱼”搭边的花实在太多了，叫金鱼花的就好几样，还有金鱼草、金鱼藤，为了以示区别就标上了科。最初是花友给的一盆苗，秋天放于阳台，不久就开了，一串花渐变的颜色挺漂亮。不过挺怕冷，冬天一来就不行了。结了很多种子，春天就播了几个。发芽快、长得也快，不过是短日照开花的，春播也得等到秋天才能有花。和其他旋花科花卉一样，阳台种植容易招红蜘蛛。

评价：独特的花串，渐变色很特别。招红蜘蛛，怕冷。大阳台、花园可以种植，地栽种一片效果不错。

特征	发芽适温（℃）	发芽时间（天）	生长适温（℃）	高度（cm）	开花所需时间	播种光照	是否覆土
一二年生	20~24	4~10	18~30	爬藤	10~14周	嫌光	覆土

何时移植	整体花期	开花日照	光照强度	习性	修整
2~3片真叶	1~2个月	短日照	中	暖和	可以摘心促分枝

注意事项	开花条件	最小盆（cm）	盆栽特点
旋花科金鱼花怕冷，需预防红蜘蛛	短日照	15	1盆1株

15天

35天

65天

假马齿苋

Bacopa monnieri 玄参科假马齿苋属

假马，有点名气，种子价格挺贵的。假马全称是假马齿苋，但提全称的人比较少，通常叫它假马。因为是悬吊的，想尝试一下，结果有点失望，草的感觉多过花。因为花实在太小了，星星点点的，但又没有满天星那种花量，不够密，而且叶子比花要大。怎么看都是花比叶子少，很难上镜。我种得不够好，照片都是开花比较少的，因为一直是阴雨天气，开花不太好。不过假马挺容易生长的，前期慢了点，后期长得挺快，最后再换一次盆，一棵占 20cm 的盆都没问题。

评价：小花悬挂，花期长，春节后一直在开花。但花小，不够密，阳光不够的时候更明显。

特征	发芽适温（℃）	发芽时间（天）	生长适温（℃）	高度（cm）	开花所需时间	播种光照	是否覆土
多年生	20~23	4~8	13~24	7~15	12~13周	需光	不覆土

何时移植	整体花期	开花日照	光照强度	习性	修整
3~4片真叶	4~6个月	中日照	强	暖和	不需要

注意事项	开花条件	最小盆（cm）	盆栽特点
打不打顶区别不大，蓝色比白色开花早；适合悬挂，不能缺水，否则掉花苞	—	15	可大盆3株

花友答疑

假马是秋播还是春播?

秋播更好些。

夏堇

Torenia fournieri 玄参科玄参属

这个和万寿菊一样，在最开始种花的时候买过，但一直没播种过。刚好也是耐热花，便播种补回一些遗憾。夏堇从生长到开花挺快的，病虫害也不算多，印象中好像白粉虱比较喜欢它，但当时我家白粉虱完全控制住了，没有爆发（不过红蜘蛛爆发了，因为没怎么用药）。当初不怎么会种花时，买回的夏堇没换盆，经常一个下午就干蔫蔫的了。夏堇需水量比较大，而且缺水后，花也会缩短开放时间。

这次播种的长得挺不错，不过台风来的时候和香彩雀一起吹倒，掉到一楼粉碎了，才刚开始开，花都还没来得及拍几张，只有初开时拍的几张看看了。哎，可惜了。

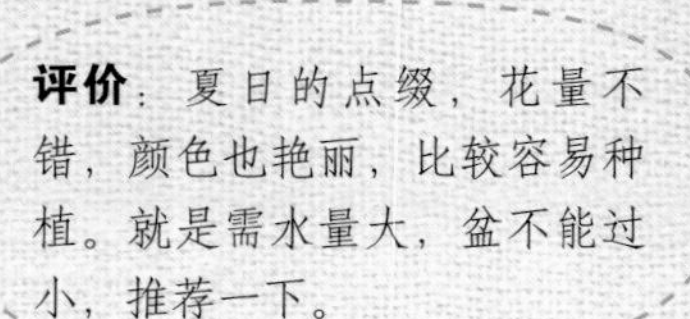

评价：夏日的点缀，花量不错，颜色也艳丽，比较容易种植。就是需水量大，盆不能过小，推荐一下。

特征	发芽适温（℃）	发芽时间（天）	生长适温（℃）	高度（cm）	开花所需时间	播种光照	是否覆土
一年生	18~22	4~10	15~30	15~20	13~14	需光	不覆土

何时移植	整体花期	开花日照	光照强度	习性	修整
3~4片真叶	3~5个月	长日照	中	暖和	可打顶促分枝

注意事项	开花条件	最小盆（cm）	盆栽特点
很怕干，一旦缺水就会有枯萎损伤	—	10	可坛栽/群栽

15天
30天
50天

香彩雀

Angelonia angustifolia 玄参科香彩雀属

作为耐热花的实验播种的，实际表现也不错，耐热，很适合夏天生长。一串的花，但花挺小的，需要一小片才有效果，单花没太多看头。不过我的刚刚初开，就被吹到楼下去了。

评价：耐热，病虫害少，好种，花期也不短。花很小，需要一定的量才有规模。

特征	发芽适温（℃）	发芽时间（天）	生长适温（℃）	高度（cm）	开花所需时间	播种光照	是否覆土
多年生	20~24	4~7	18~30	15~30	14~16	需光	不覆土

何时移植	整体花期	开花日照	光照强度	习性	修整
4~5片真叶	3~4个月	长日照	中强	暖和	可以不摘心，自然分枝性强

注意事项	开花条件	最小盆（cm）	盆栽特点
非常耐热，适应性强	—	6	群栽效果好

15天

30天

50天

70天

金鱼藤

（彩钟蔓、蔓金鱼草、玄参科金鱼花）

Asarina scandens 玄参科蔓金鱼草属

这个也是名字容易混淆的，知道的别名我都写上去了。这是玄参科的金鱼花，港台地区多叫彩钟蔓。我一直没怎么种过藤本的花卉，因为太占地方，不适合我家阳台。和之前的旋花科金鱼花一样，也是那个花友给的苗，不久就开花了。不过花期更长，也能长，适应性更好，整个冬天都花开不断，结的种子也非常多。

第二年就尝试了播种。比较耐阴，虽说怕冷，但广东这边过冬一点问题都没有，就是在最冷那段时间有些停滞而已。虫害也不多，很好养。

评价：容易种植，吊着一个个花也挺好看，耐阴，虫害少。推荐！

特征	发芽适温（℃）	发芽时间（天）	生长适温（℃）	高度（cm）	开花所需时间	播种光照	是否覆土
一二年生	20~25	7~10	10~30	爬藤	10~14周	不敏感	不覆土

何时移植	整体花期	开花日照	光照强度	习性	修整
2~3片真叶	3~4个月	短日照	中	暖和	不用摘心，分枝性很好

注意事项	开花条件	最小盆（cm）	盆栽特点
不耐寒，故作一年生栽培，耐阴，但光照少开花少	—	12	可1盆多株

35天

65天

100天

花友答疑

我也种了好多这个，都快给我折腾死了，有蚜虫困扰，现在只剩一节插活的。我在纠结是让它垂下来呢，还是搞个东西给它爬呢？多久能开花呀？

开花要看温度和日照长短，春末播的话秋天能看，不然就是等来年春天，天冷不爱生长也不开花。适合爬，垂下来比较纤细。

秋冬至春初开花

秋冬至初春的花并不多，基本都是短日照开花的，还有一些球根。北方可以春播，等到秋天开放很漂亮。南方比较难种，春播有些难度夏，只能秋播，但有些品种苗又长不大，开花效果不佳。

风信子

Hyacinthus orientalis 风信子科风信子属

除了水仙，一直没怎么种过球根，年底团购的时候，忍不住团了两棵风信子来试试手。非常易种的花，就是成本高了些。

评价：花香四溢，容易栽培。冬天花不多的时候可以种种，种成一片的话效果还不错，只是成本不低，种球开完基本就扔了，因为次年的花很小。

特征	发芽适温（℃）	发芽时间（天）	生长适温（℃）	高度（cm）	开花所需时间	种光	覆土
多年生	5~10	3~7	10~18	15	40~60天	不敏感	稍覆土

何时移植	单花花期	开花日照	光照强度	习性	修整
2~3片真叶	1个月	短日照	中低	冷凉	不需要

注意事项	开花条件	最小盆（cm）	盆栽特点
如果只看花就不用种很深，球1/3露出土表；切记不能涝，怕高温，不然容易烂掉；冷藏30天可促进开花	—	10	1球

30天

40天

整个花球，比较香

60天

角堇

Viola cornuta 堇菜科堇菜属

这个花挺热门的，每年冬天都是主力花之一，广州也是如此，花圃盆花也卖得很便宜。2008 年买过几棵，但北阳台光线不足，开得稀稀拉拉，4 月高温一来就开始白化，死掉了。没播种始终是个遗憾，于是就播种一次。种出来效果还可以，比想象中好多了。放在东阳台光线还不错，花量也还可以。

评价：小巧、可爱型盆栽，适合阳台、桌面，也适合成片有规模地种，颜色丰富，虫害少，容易种植。很怕热。

特征	发芽适温（℃）	发芽时间（天）	生长适温（℃）	高度（cm）	开花所需时间	播种光照	是否覆土
一二年生	18~21	3~7	5~25	10~15	9~11周	不敏感	稍覆土

何时移植	整体花期	开花日照	光照强度	习性	修整
2~3片真叶	3~5个月	长日照	中	冷凉	不摘心

注意事项	开花条件	最小盆（cm）	盆栽特点
光照不足开花少，怕热，温度高则新叶变白	—	6	可坛栽/群栽

花友答疑

请问图片上的盆有多大？几棵苗？

10cm的盆2棵。

金盏菊

Calendula officinalis 菊科金盏菊属

金盏菊在园林应用中很普遍，但对菊科的喜好让我想要自己播种一次。实际来看，金盏菊还是很不错的，明亮的黄色和深色花心搭配比较耐看，更关键是在花不多的春节前开放，比较难得。

评价：大众花卉，没什么新鲜感，但种植容易，开花比较快，花瓣、颜色都不错，怕热，雨水多容易消苞，适合新手冷季栽培。

特征	发芽适温（℃）	发芽时间（天）	生长适温（℃）	高度（cm）	开花所需时间	播种光照	是否覆土
一二年生	15~20	7~14	7~20	20~35	8~10周	嫌光	覆土0.3cm

何时移植	整体花期	开花日照	光照强度	习性	修整
3片真叶	2个月	长日照	强	冷凉	株高 6~10cm打顶，留3～4叶，侧枝长6~8cm时二次摘心

注意事项	开花条件	最小盆（cm）	盆栽特点
—	低温春化	12~13	1盆1株

10天
30天
70天
90天

大丽花
（大理花）

Dahlia pinnata 菊科大丽菊属

初次听到大理花，我还以为是大理那边的花。因为秋冬季市场上很多，就没去种，秋天尝试了一下播种，发现挺好种的。我本以为它不是很耐热，结果错了，夏季表现良好。不过红蜘蛛稍微严重了些。有大大的球根，等秋天再开应该会更好些。

小丽花与大丽花习性基本一致，也可参考。

评价：容易种植，花比较大；比想象中耐热，且有一定的耐半阴能力，度夏没压力，有点虫害。

特征	发芽适温（℃）	发芽时间（天）	生长适温（℃）	高度（cm）	开花所需时间	播种光照	是否覆土
多年生	15~20	7~10	10~30	20~40	13~14周	嫌光	稍覆土

何时移植	整体花期	开花日照	光照强度	习性	修整
4~5片真叶	2~3个月	短日照	中	暖和	30~40cm高时摘心1~2次，保留4~5个分枝

注意事项	开花条件	最小盆（cm）	盆栽特点
比想象中耐热	短日照	12	1盆1株

15天
45天
95天

水仙

Narcissus tazetta var. chinensis 石蒜科水仙属

水仙属于球根了，因为是典型的冬季花卉，我也顺便一起发了。过年时，很多人都会种水仙，好种，花清淡、有股香味。我是第二次种水仙了，不过没上次种得好，一是气温太高，二是没雕刻，开得不够好。

评价：简单易种，凌波仙子的美丽，加上淡淡的清香，很适合花少的冬季种。

特征	发芽适温℃	发芽时间（天）	生长适温℃	高度cm	开花所需时间	种光	覆土
多年生	—	—	12~20	40~90	30天	—	—

何时移植	整体花期	开花日照	光照强度	习性	修整
—	2~3周	中日照	中	冷凉	不需要

注意事项	开花条件	最小盆	盆栽特点
长日照 有利于开花	—	—	—

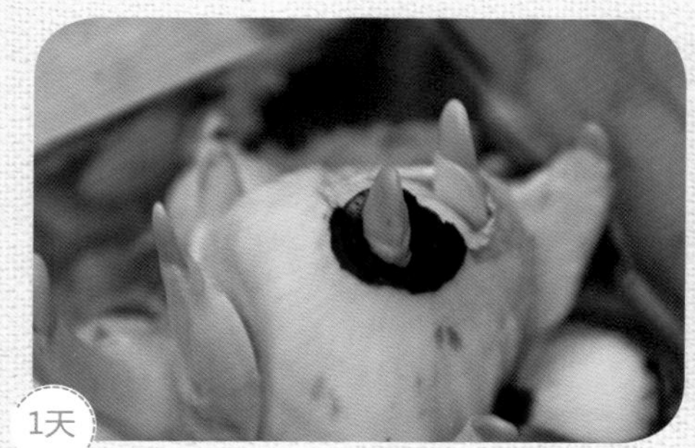

1天 拨开皮后，下水一天的球根

7天 芽长得很多了

15天 小森林一样

花友答疑

水仙虽说是多年生，但我年年买，有什么办法能使它来年再开？

多年生不代表年年开花，中国水仙一般花后要两三年才能复花，种洋水仙吧，年年都会开花。

旱金莲

Tropaeolum majus 旱金莲科旱金莲属

旱金莲是花和叶子都有看头儿的花，秋播就买了几颗种子。虽然知道它喜欢冷凉，但还是想尝试下热天播种，果然刚长起来就死掉了。11 月又播了一次，长得很快。本来没觉得旱金莲有多好看，但的确给了我意外的惊喜。花开得很多，几乎是满满的花，单花直径都 4~5cm 以上，也没什么虫害，挺适合冬天种植、开花观赏的。就是怕热，广东度夏难。

评价：病虫害少，叶美观，花量大。生长快，难得的冬季花。

特征	发芽适温（℃）	发芽时间（天）	生长适温（℃）	高度（cm）	开花所需时间	播种光照	是否覆土
多年生	16~22	7~14	18~24	25~30	8~12周	嫌光	覆土1cm

何时移植	整体花期	开花日照	光照强度	习性	修整
3~4片真叶	2~3个月	短日照	中	冷凉	可摘心促进分枝

注意事项	开花条件	最小盆（cm）	盆栽特点
光照少开花少；播种前用40℃~45℃温水浸泡一夜；茎蔓生，必须立支架；肥不能过多，否则影响开花	短日照	15~25	20cm盆3株

初开

香雪球

Lobularia maritime 十字花科香雪球属

种香雪球，我是受了花友涵绮的影响。看着她那满满的香雪球花，那个羡慕啊！在淘宝上买了种子，不知是种子的原因还是怎么的，开得并不理想，远达不到目标中那种开放效果。不过后来看别的花友说，紫色的花没那么密集，枝条要长一些，更垂一些，白花的更密集、更直立。我没种过白色的，就不好评论了。

种植很容易上手，开花特别早，花期也特别长，我的是从 2 月一直开到 6 月，实在看不下去才拔掉的。花非常小，后来密植，一个小盆种了 8~9 棵，效果出来了。更喜欢浅色的。

评价：开花早、花期长的冷季花，花非常小，开到后期比较稀疏、凌乱。

特征	发芽适温（℃）	发芽时间（天）	生长适温（℃）	高度（cm）	开花所需时间	播种光照	是否覆土
多年生	20	3~10	10~15	10~25	8~12	需光	不覆土

何时移植	整体花期	开花日照	光照强度	习性	修整
3~4片真叶	3~5个月	阳性	中	冷凉	花后重剪度夏

注意事项	开花条件	最小盆（cm）	盆栽特点
要出效果快，多种几棵。不耐热	—	15	1盆多株

10天

30天

70天

花友答疑

这个花香吗?

一点点。

金鱼草

Antirrhinum majus 玄参科金鱼草属

金鱼草是很常见的花草了，也是我最早买来种植的花，周边花店卖得很便宜，2元一盆。也正是因为便宜和大众，我一直没播种过，直到去年才秋播一次。金鱼草是比较容易种的，秋播春初就开放了，病虫害也不算多。后来想了想，只要是园艺在大量推，市场上常见的绿化花，应该都是比较好种、虫害也较小的。

评价：比较容易种植，花也多，早开花。成片单株都还不错。

特征	发芽适温（℃）	发芽时间（天）	生长适温（℃）	高度（cm）	开花所需时间	播种光照	是否覆土
多年生	15~20	4~8	8~25	20~80	9~14周	需光	不覆土

何时移植	整体花期	开花日照	光照强度	习性	修整
4片真叶	4~6个月	中日照	中	冷凉	可摘心促进分枝

注意事项	开花条件	最小盆（cm）	盆栽特点
较耐寒，不耐热，喜阳光，也耐半阴	5℃春化	8~10	可坛栽

花苞

小苍兰
（香雪兰）

Freesia refracta 鸢尾科香雪兰属

一次买种子时顺便买了小苍兰球根，国庆后就兴致勃勃地埋了下去，虽然当时还是30℃高温。印象中球根是很快就能开花的，但这个一直没见开花，当时觉得可能是种得太早，花苞消了，差点扔掉。不过最终还是开放了，经历了4个月的漫长等待。倒伏得非常厉害，要立支架才行。花朵不太耐开，2~3天就垂下了，香味也很淡，有点失望。或许重瓣的品种会好些。开完花的4月忍不住给拔了，看到球根还在生长，并长出了一堆小球根。

评价：淡淡的清香，素雅的花朵。但倒伏厉害，需要立支架，花期不长。

特征	发芽适温（℃）	发芽时间（天）	生长适温（℃）	高度（cm）	开花所需时间	播种光照	是否覆土
多年生	13~20	7~10	15~25	30~50	12周	—	覆土2.5cm

何时移植	整体花期	开花日照	光照强度	习性	修整
—	1个月	需经历短日照到长日照的变化	中	冷凉	

注意事项	开花条件	最小盆（cm）	盆栽特点
立支架防倒伏，20℃以下种植，球根冷藏30天可促进开花，3~4片叶时开始花芽分化	春化，温度（18℃以下）光照（8小时内），是花芽分化的最佳条件	8	每盆5~7棵

小芽冒了出来

长成小蒜一样。后面就没拍了，都是类似的

终于开花了。其他花友种的也差不多这个时候开，估计这个花有特定的开花条件